统计策略搜索强化学习方法及应用

赵婷婷 著

電子工業出版社
Publishing House of Electronics Industry
北京 • BEIJING

内 容 简 介

智能体 AlphaGo 战胜人类围棋专家刷新了人类对人工智能的认识，也使得其核心技术——强化学习受到学术界的广泛关注。本书正是在此背景下，围绕作者多年从事强化学习理论和应用的研究内容及国内外关于强化学习的最近动态等方面展开介绍，是为数不多的强化学习领域的专业著作。该著作侧重于基于直接策略搜索的强化学习方法，结合了统计学习的诸多方法对相关技术及方法进行分析、改进及应用。

本书以一个全新的现代角度描述策略搜索强化学习算法。从不同的强化学习场景出发，讲述了强化学习在实际应用中所面临的诸多难题。针对不同场景，给定具体的策略搜索算法，分析算法中估计量和学习参数的统计特性，并对算法进行应用实例展示及定量比较。特别地，本书结合强化学习前沿技术将策略搜索算法应用到机器人控制及数字艺术渲染领域，给人以耳目一新的感觉。本书取材经典、全面，概念清楚，推导严密，以期形成一个集基础理论、算法和应用为一体的完备知识体系。

图书在版编目（CIP）数据

统计策略搜索强化学习方法及应用 / 赵婷婷著. —北京：电子工业出版社，2021.8
ISBN 978-7-121-41959-1

Ⅰ. ①统… Ⅱ. ①赵… Ⅲ. ①机器学习 Ⅳ.①TP181

中国版本图书馆 CIP 数据核字（2021）第 182352 号

责任编辑：章海涛　　文字编辑：路　越
印　　刷：北京虎彩文化传播有限公司
装　　订：北京虎彩文化传播有限公司
出版发行：电子工业出版社
　　　　　北京市海淀区万寿路 173 信箱　　邮编：100036
开　　本：720×1000　1/16　　印张：10.75　　字数：210 千字　　彩插：5
版　　次：2021 年 8 月第 1 版
印　　次：2021 年 8 月第 1 次印刷
定　　价：79.00 元

凡所购买电子工业出版社图书有缺损问题，请向购买书店调换。若书店售缺，请与本社发行部联系，联系及邮购电话：（010）88254888，88258888。

质量投诉请发邮件至 zlts@phei.com.cn，盗版侵权举报请发邮件至 dbqq@phei.com.cn。

本书咨询联系方式：luy@phei.com.cn。

目　录

第 1 章　强化学习概述

强化学习（Reinforcement Learning，RL）作为机器学习领域的重要学习方法，主要研究智能体如何根据当时的环境做出较好的决策，被认为是真实世界的缩影，是最有希望实现人工智能这个目标的研究领域之一。为此，本书致力于研究强化学习的统计方法，并为所提出的方法提供理论及实验方面的支持。

1.1　机器学习中的强化学习

当我们思考学习的本质时[1]，我们可能首先想到通过与环境的互动来学习。学习是在一些已知的事实和对环境的一些认识的基础上推断某些未知事实的活动。如果学习的主体是人，那就称为人类的学习。除了人类，动物也会学习，与之对应的称为动物学习。同样地，除了这些生物，计算机中的程序也可以学习，被称为机器学习。

机器学习是计算机科学和统计学交叉的自然产物[2]。然而，它们有不同的目标：计算机科学强调如何手动编写计算机程序；机器学习强调如何让计算机自己编程，它关注于预测未来；统计学强调从数据中可以推断出什么结论，它侧重于了解过去。根据定义，机器学习试图回答这个问题: 我们如何才能建立一个随着经验的增加而自动改进的计算机系统？什么是支配所有学习过程的基本法则[2]？更准确地说，机器学习是通过编程让计算机使用采样数据或过去的经验来优化性能标准。

机器学习中有三种主要的学习类型[3]。

（1）监督学习：目标是从给定训练数据中学习到从输入到输出映射。在监督学习中使用的训练数据是标记数据，例如，

$$\{(x_1,y_1),(x_2,y_2),\cdots(x_n,y_n)\}$$

$\{x_i\}_{i=1}^n$是输入数据，$\{y_i\}_{i=1}^n$是监督者给定的标签，n是训练样本量。在原则上输出可以是任何形式，但是大多数方法假定y_i是来自有限集$y_i \in \{1,2,\cdots,C\}$的表示分类类别的离散型变量或者实值标量。当y_i是分类数值时，这个问题就是分类问题。当y_i是实值时，问题就被称为回归[4]。监督学习在人脸检测和垃圾邮件过滤等多种应用中发挥着重要作用。

（2）无监督学习：目的是找到数据中隐藏的结构。训练数据以未标记数据的形式给出，例如，

$$\{x_1,x_2,\cdots,x_n\}$$

在无监督学习中，没有监督者，只有输入数据。此类问题也被称为知识发现。无监督学习与密度估计问题密切相关，就是说，我们想建立形式为$p(x)$的模型[3]。非监督学习的重要例子是聚类和降维[4]。

（3）强化学习：它关注的是智能体应该如何在未知环境中采取行动，从而实现累积奖励最大化[5]。智能体不能事先知道要采取哪些行动，而是必须发现哪些行动能带来最大的累积奖励。对于智能体来说，奖励衡量什么是好的和坏的行动。强化学习已经成功地应用于各种问题，包括机器人控制、电梯调度、电信和经济[6]。

强化学习可以通过将问题与机器学习的其他研究领域进行对比来理解，强化学习大致被认为是介于监督学习和无监督学习之间的一种学习类型。在监督学习中，监督者在训练样本中提供正确的答案；在强化学习中，学习者不能像在监督学习中那样有明确的标准，但它确实有一个奖励信号，它直接连接到它的环境；在无监督学习中，给学习者的例子是无标记的，没有正确、错误或奖励信号来评估一个潜在的解决方案。奖励函数将强化学习与监督学习和无监督学习区分开来。

此外，强化学习本质上不同于监督学习。监督学习解决的问题没有交互式的成分。监督学习依赖于训练和测试样本作为独立同分布的随机变量。这些方法是建立在每个决定对未来的例子没有影响的假设下。另在监督学习场景中，正确的答案是在训练阶段提供给学习者的，所以没有含糊的行动选择。另一方

面，强化学习中的智能体并没有被告知要采取的具体行动，相反，智能体通过交互学习发现其能获得最大回报的行动。由于状态的转变及行为的采取不仅会影响当前的奖励，还会影响下一个情境，因此所有后续的奖励都会影响到未来，智能体与环境之间的交互数据并非是独立同分布的。

机器学习和人工智能早就有着密切的联系[2]，特别是人工智能与强化学习之间有更多的联系[5]。在人工智能中，智能体的关键问题是感知、搜索、计划、学习、行动和交流[7]。机器学习包括很多先进的数据分析方法，因此，它比人工智能中的特定学习更为普遍。如今，机器学习被认为是一个独立的研究领域，而不是单纯的人工智能的一个分支，人工智能中的学习更多指的是强化学习。另一方面，强化学习与最优控制有着密切的联系[8]。强化学习和最优控制皆在解决寻找最优策略的问题来优化一个目标函数，如累积奖励。然而，最优控制以模型的形式假定对环境有完全的了解[9]。强化学习通过扩展最优控制和函数估计的思想来解决更广泛和更雄心勃勃的目标，这也被称为自适应最优控制[10]。

强化学习描述的是智能体为实现任务而连续做出决策控制的过程，它不需要像监督学习那样给定先验知识，也无须专家给定准确参考标准，而是通过与环境交互来获得知识，自主地进行动作选择，最终找到一个当前状态下最优的动作选择策略（Policy），获得整个决策过程的最大累积奖励（Reward）（如图 1-1 所示）[5]。为了实现强化学习的目标，要求智能体能够对周围环境有所认知，理解当前所处状态，根据任务要求做出符合环境情境的决策动作。

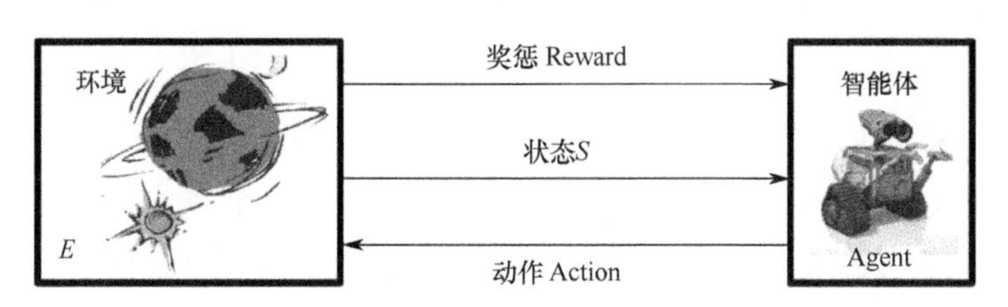

图 1-1　强化学习基本框架

从根本上说，智能体和环境构成了强化学习系统。更具体地说，强化学习系统有四个主要元素：策略、奖励函数、回报（或值函数），以及环境模型[6]。策略定义了智能体在给定时间内的行为方式，是强化学习智能体的核心。奖励函数定义了问题的目标，它将每个感知到的环境状态映射到一个具体的奖励数值。奖励函数指明瞬时动作的好坏，而回报函数（或值函数）则指明长远角度上策略的好坏。回报函数（或值函数）代表了作为一种状态或一种状态-动作对的未来期望累积奖励。回报是沿轨迹累积的奖励期望。智能体的目标是找到一个能使回报或值函数最大化的策略。强化学习系统的最后一个元素是环境模型，它描述了智能体通过当前的状态和动作来给出下一个状态，它被用来模仿环境行为。环境模型是可选的，基于此，强化学习可分为基于模型的强化学习方法和无模型的强化学习方法[11]。首先基于模型的强化学习方法明确地指出要对环境建模，然后基于环境模型学习策略。另一方面，无模型的强化学习方法是在不指明环境模型的情况下学习策略，根据与环境交互获得的样本直接学习策略。

1.2　智能控制中的强化学习

强化学习为整个社会实现真正智能化提供了有力的技术支撑，是智能系统开发者备受关注的研究热点。迄今为止，强化学习已被成功应用到诸多智能控制系统中，如智能机器人[12][13]、电脑游戏[14]、调度系统[15]、智能对话系统[16]、存储系统[17]、智能电网[18]、智能交通系统[19]、多智能体系统[20][21]、无人驾驶[22][23]、航空航天系统[24]及数字艺术智能系统[25]等。最近，谷歌公司的 DeepMind 团队在《Nature》杂志上公布了能够击败人类专业玩家的游戏智能体[26]，使得强化学习成为当今研究焦点。

在智能控制领域，从简单的家庭清洁机器人到人形机器人，我们日常生活中使用的机器人数量急剧增长。机器人的种类很多，如服务机器人、移动机器人、协作机器人和军事机器人[27]。机器人能为人类提供很多帮助，现在商业和工业机器人广泛地使用在比人工更可靠且更便宜或者更精确的工作中，也有机器人被雇佣在肮脏、危险、枯燥等不利于人类安全的工作中。

为了完成指定工作，机器人需要被控制，以便在交互的环境中采取适当的行动。例如，机器人可能需要弄清楚如何在不碰到障碍物、跌倒等情况下完成任务。到目前为止，我们日常生活中使用的这些机器人的控制器通常是由人类工程师手动设计的。设计机器人需要丰富的经验和高度的专业知识。此外，设计的机器人是基于机器人行为和环境被正确建模的假设[28]。当机器人必须适应新环境或环境建模不够精确时，设计的机器人在执行任务中可能受到限制。因此，开发自主机器人是非常必要的。在本书中，我们试图为包括机器人在内的任务级自主智能控制系统开发算法，这意味着人类设计师只指定任务，智能系统通过学习自己来完成任务[29]。

强化学习为智能控制系统提供了一个框架，它使智能系统（如机器人等）能够通过与环境的交互自主地发现最佳动作。正如我们在 1.1 节中提到的，强化学习和最优控制都试图解决寻找最优策略来优化目标函数（如累积奖励）的问题。然而，最优控制以模型的形式假定了对环境有完全的了解。因此，在智能控制系统的发展中最优控制是有限的。利用强化学习的强大性和灵活性，智能控制领域可以进一步自动化。

我们以人形机器人 CB-i 为例来说明强化学习在机器人技术中是如何工作的[30]。思考一下，我们试着训练 CB-i 用右手拿到目标物体。在这种情况下，机器人必须在一定程度上感知环境的状态，这是由目标物体的位置和机器人关节位置和速度的内部动力学所规定的。对机器人的动作是发送给电机的转矩或所需的加速度。函数生成的基于当前关节位置和速度的动作称为策略。那么强化学习问题就是找到一个使长期奖励的总和最大化的策略。这种情况下的奖励可以基于右手与物体的距离进行设计，手离物体越近，机器人获得的奖励越高。

强化学习通常面临的是极具挑战的问题，它的许多挑战在智能控制系统中尤其明显。以下是在智能控制中应用强化学习的两个挑战[28]。

（1）高维连续状态和动作空间：由于机器人等智能系统中具有大量的自由度，系统必须处理高维的状态和动作。随着维度数量的增长，需要的数据和计算量呈指数级增长，这就是所谓的维度灾难。此外，大多数智能系统的状态和动作具有内在连续性。

（2）智能系统与环境交互的高成本：由于智能系统要处理复杂的物理系

统，采集样本的成本通常非常昂贵且耗时。例如，一个机器人在网球训练中学习如何击球，我们需要让机器人击球数百次来学习一个可靠的策略。击球数百次可能要花费数周的时间。而且，真正的机器人学习任务需要某种形式的人类监督，必须有一个机器人工程师花费大量的时间和精力通过维护和修理来保持机器人运作。机器人维护是一个不容忽视的因素，因为它与成本、体力劳动和漫长的等待时间有关。基于这些原因，真正的机器人在时间、劳动力和潜在的金钱方面都是昂贵的。因此，对于机器人来说高效样本利用算法是必不可少的。

考虑到上述挑战，并不是每一种强化学习方法都适用于智能控制领域。迄今为止发展起来的强化学习方法可以分为两类：基于值函数的策略学习算法和策略搜索算法。

基于值函数的策略学习算法是早在 20 世纪 80 年代末就被提出且得到广泛使用的传统强化学习方法，其中最具代表性的算法包括 Watkins 提出的 Q-learning[31]、Sutton 提出的 TD 算法[32]，以及 Rummery 等提出的 SARSA 算法[33]。南京大学的高阳教授等[34]及 MIT 的 Kaelbling 等[6]对策略迭代算法进行了系统地分析与总结，此类算法首先要计算每个状态–动作对的值函数，然后根据计算的值函数贪婪地选择值函数最大的动作。策略迭代算法能够有效地解决离散状态动作空间问题。面对连续状态空间问题，启发式的方法是网格离散化状态空间，北京理工大学的蒋国飞等[35]理论性地研究了 Q-learning 在网格离散化中的收敛性问题，指出随着网格密度的增加空间离散化后 Q-learning 算法求得的最优解以概率 1 收敛。然而，当状态空间过大时，网格化无法遍历整个状态空间，即遭遇了“维度灾难”问题。蒋国飞等[36]将 Q-learning 与神经网络结合，在未离散化连续状态空间的情况下成功地完成了倒立摆的平衡控制。随后，Lagoudakis 等[37]提出了通过值函数估计来解决连续状态问题，极大地提高了策略迭代算法在处理连续状态空间问题中的性能。南京大学的陈兴国[38]通过引入核函数的形式提高值函数的泛化能力，为表达复杂值函数提供技术支撑。因此，在基于值函数的策略学习算法中，精确地逼近值函数是一个挑战。到目前为止，各种机器学习技术已经被用于更好地实现值函数近似，如最小二乘近似方法[37]、流形学习[39]、高效样本重用[40]、主动学习[41]及鲁棒学习[42]。近期，DeepMind 团队在《Nature》上提出了深度 Q 网络（DQN），其将 Q-learning 与基于深度神经网络的值函数估计相结合，是深度强化学习的首创也是该领域最成功的案例之一。它是能够击败人类专业玩家的游戏智能体以及能够击败人类顶尖高手的围棋博弈智能体[26]，极大地震撼了社会各界，使得强化学习成为人工智能领域的研究热点。

然而，由于策略是通过策略迭代中的值函数间接学习，提高值函数近似的质量并不一定会产生更好的策略。此外，由于值函数的一个小的变化会导致策略函数的一个大的变化，所以对机器人使用基于值函数的策略学习算法是不安全的。基于值函数的策略学习算法的另一个缺点是很难处理连续的动作，因为需要找到与动作相关的最大值函数来改进策略。因此，策略迭代算法在机器人等智能控制系统环境中并不直接适用。

另一方面，策略搜索算法专注于为给定的策略参数化寻找最优策略参数。它能够处理高维连续的状态和动作空间，这非常适用于智能系统。此外，策略搜索算法允许直接为分配的任务集成预结构策略[43]。另外，模仿学习可以从专家示范中获得一个好的初始策略参数，这可以使学习过程更加有效[13]。所有这些特性简化了智能控制系统的学习问题，并允许成功地应用于机器人控制等技术[44-46]。因此，策略搜索算法通常是智能系统实现智能控制的选择，因为它更好地应对如机器人等智能系统学习的固有挑战。事实上，迄今为止已经被证明，智能控制系统经常使用策略搜索算法而不是基于值函数的策略学习算法[13][44][47]。

目前为止，最具代表性的策略搜索算法包括 PEGASUS[47]、策略梯度算法[48][49]、自然策略梯度[50]、EM[51]及 NAC[52]等。其中，策略梯度算法是最实用、最易于实现、且被广泛应用的一种策略搜索算法，由于此类算法中策略的更新是逐渐变化的，能够确保系统的稳定性，尤其适用于复杂智能系统的决策控制问题，如机器人[13]。然而，Williams 等[49]提出的传统策略梯度算法——REINFORCE 算法，梯度估计方差过大，使得算法不稳定且收敛慢。为了解决梯度估计方差过大的实质性问题，Sehnke 等[48]提出了基于参数探索的策略梯度算法（Policy Gradients with Parameter-based Exploration，PGPE），该算法通过探索策略参数分布函数的方式大大减少了决策过程中的随机扰动，从而根本性地解决了传统策略梯度算法中梯度估计方差大的问题。PGPE 算法为连续动作空间问题得到可靠稳定的策略提供了保证，然而面对不同场景的实际问题，其仍具有挑战。本书将以 PGPE 算法为基本框架，面对不同应用场景，提出具体解决方案。

1.3 强化学习分支

针对强化学习中存在的各种问题，研究人员在提出一系列高效解决算法的同时，也对强化学习的研究领域进行扩展，衍生出分层强化学习、多智能体强化学习、逆强化学习等方法，并借鉴其他机器学习方法的优势解决强化学习中难解决的问题，如将元学习和强化学习结合的元强化学习，将迁移学习和强化学习结合的迁移强化学习和使用生成对抗网络完成强化学习任务等方法，本节将详细介绍上述各子领域。

分层强化学习（Hierarchical Reinforcement Learning，HRL）是强化学习领域的一个分支，是将最终目标分解为多个子任务学习层次化策略，并通过组合多个子任务的策略形成有效的全局策略的方法[53]。子任务分解有两种方法：①所有的子问题都是共同解决被分解的任务（Share Tasks）；②不断把前一个子问题的结果加入下一个子问题解决方案中（Reuse Tasks）。分层强化学习方法大致可分为四种：基于选项的、基于分层抽象机的、基于 MaxQ 函数分解的和基于端到端的分层强化学习[54]。虽然分层强化学习能够加快问题求解速度，但在处理大规模状态空间任务时，智能体状态空间维度的增加会导致学习所需参数数量呈指数增长，造成维度灾难（Curse of Dimensionality），消耗大量的计算和存储资源。

多智能体强化学习（Multi-agent Reinforcement Learning）由多个小的且彼此之间互相联系协调的系统组成。与分布式人工智能方法相似，多智能体强化学习同样具有强大的自主性、分布性及协调性，是多智能体系统领域中的重要研究分支之一[55]。在面对一些真实场景下的复杂决策问题时，单智能体系统的决策能力往往不能单独完成任务，例如，在拥有多玩家的 Atari2600 游戏中，要求多个决策者之间存在相互合作或竞争的关系。因此，在许多特定的情形下，需要将复杂且规模较大的任务分解为多个智能体之间相互合作、通信及竞争的系统。根据智能体间的互动类型及任务类型，多个智能体间的关系可以分为完全合作、完全竞争和混合型，多数情况下采取为每个智能体单独分配训练机制的学习方式[56][57]。尽管多智能体系统已经取得了不错的成果，但其在大型机器人系统中表现不够成熟，故可扩展性是多智能体系统未来的重要研究方向。另外，目前大部分多智能体强化学习系统往往假定是满足 MDP 过程的，对于现实中存在的许多不满足 MDP 过程的任务，此时智能体的行为是不可预测的。因此，在不满足马尔可夫性质的情况下进行多智能体强化学习任务还需要进一步的研究与探索[57]。

模仿学习（Imitation Learning）又称为示教学习，主要解决智能体无法从环境中得到明确奖励的任务。该方法能快速得到环境反馈且其模型收敛迅速，又具备推理能力[58]，已经广泛应用于机器视觉[59]和机器人控制领域中[60]。模仿学习的主要思想是从示教者提供的范例中学习，示教者又称为专家，所提供的范例即专家知识，该方法包括行为克隆方法（Behavior Cloning）和逆强化学习方法（Inverse Reinforcement Learning，IRL）。行为克隆方法与监督学习类似，是直接模仿人类行为的方法，此方法无须求解奖励函数，但当模型训练收敛后，对于未在训练集中出现的状态，行为克隆方法将无法正确采取相应动作，产生复合误差（Compounding Errors），此时需要采用数据增广（Data Augmentation）方法缓解误差随时间越来越大的问题。另外，行为克隆方法只是对专家知识的简单复制，并不能实现对数据的特征提取，会增加计算量。逆强化学习方法是应用相对广泛的方法，其试图从专家知识学习中得到奖励函数。顾名思义，逆强化学习方法是强化学习方法的逆过程，具体地，强化学习是已知当前奖励函数和现有环境使用一定方法求解最优动作选择策略的方法，而逆强化学习是当前仅有专家知识数据而奖励函数未知，需要使用一定方法在反推得到奖励函数后，再使用一般强化学习方法寻找最优策略的方法，其中通常使用基于最大间隔的奖励函数、基于确定基函数组合的奖励函数和基于参数化的奖励函数进行奖励函数的求解[61]。对于此类方法，对专家知识所提供数据的处理尤为重要，但是提供大量专家知识会花费大量精力，在一些复杂且困难的大规模任务中，无法提供相关行为数据[62]。

迁移学习（Transfer Learning）是把已训练好的模型参数迁移到新的模型中，帮助新模型快速适应的方法[63]。在强化学习中，无论是基于值函数的策略学习算法还是策略搜索算法，当任务改变时就需要重新对智能体进行训练，而重新训练的代价巨大。因此，研究人员在强化学习中引入迁移学习并展开研究，将知识从原任务迁移到目标任务中以改善性能，提出迁移强化学习（Transfer Reinforcement Learning）。Wang 等人总结出迁移强化学习分为两大类：行为上的迁移和知识上的迁移[64]。把原始任务中性能良好的策略迁移到全新任务中的做法，在一定程度上使得智能体适应能力变强，还能提高数据利用率，降低模型训练对数据量的要求。目前，迁移强化学习已广泛应用在对话系统中。

元学习（Meta Learning）的目标是学会学习，与终身学习（Long Life Learning，LLL）使用同一个模型完成多个任务的思想不同，元学习完成不同任务需要不同的模型。元学习试图开发出可以根据性能信号做出响应，从而对结构基础层次以及参数空间进行修改的算法，这些算法在新环境中可以利用之前积累的经验，但是该方法存在鲁棒性不强、难训练的问题[65]。元学习可以通过与深度强化学习相结合来解决自身样本复杂性高的问题，深度元强化学习是近期深度学习技术的一个令人瞩目的新兴领域，其利用元学习解决了深度学习需要大数据集的问题，以及强化学习收敛慢的问题。深度元强化学习中智能体可以通过充分利用在其他任务中学习积累得到的经验数据，并在一定采样额度下适应并完成当前任务。同时，深度元强化学习还可以适用于环境不断改变的应用场景，具有巨大的应用前景。然而，目前大部分深度元强化学习算法自身训练需要使用大量数据学习，样本效率极低。

尽管强化学习延伸出很多分支，并能够借助其他机器学习方法克服其自身存在的许多问题，但相比其他机器学习方法，强化学习落地困难，真实环境搭建代价高昂，因此其训练学习过程通常借助模拟器完成。当前，国内外主要模拟器有模拟机器人、生物力学、图形和动画等领域的物理引擎 mujoco[66]；OpenAI 团队的 gym 环境；DeepMind 团队的 Spriteworld、OpenSpiel、DeepMind Lab；暴雪公司和 DeepMind 合作出品的 AI 对战强化学习平台 pysc2；跨平台的赛车游戏模拟器 TORCS 等。

1.4　本书贡献

本书致力于从机器学习及统计学的角度介绍强化学习领域中策略搜索算法的基本概念和不同场景下的实用算法。本书内容有助于发展统计强化学习策略搜索算法，从而使智能系统能够自主地发现未知环境中的最优行为。在本节中，我们将概述本书的主要贡献。

策略梯度是一种有效的无模型强化学习方法，但它存在梯度估计不稳定性。在这个场景中，一个常见的挑战是如何降低可靠策略更新的策略梯度估计的方差。本书首先在无模型框架下，对策略梯度法的稳定性进行了分析和改进。

在较弱的假设条件下，我们首次证明基于参数探索的策略梯度算法（PGPE 算法）中的梯度估计方差比传统策略梯度算法（REINFORCE 算法）小。然后，我们对 PGPE 算法提出了最优基线，从而进一步降低方差。我们也从理论层面上展示了在梯度估计的方差方面，最优基线的 PGPE 算法比最优基线的 REINFORCE 算法更可取。

PGPE 算法和最优基线的结合在一定程度上稳定了策略更新的效果，但都没有在目标中直接考虑到梯度估计的方差。因此，我们通过直接采用策略梯度的方差作为正则化项，探索一种更明确的方法来进一步减小方差。我们通过将策略梯度的方差直接纳入目标函数中，为 PGPE 算法设计了一个新的框架。提出的方差正则化框架可以自然地提高期望累积奖励，同时降低梯度估计的方差。

将策略搜索应用于关于智能系统的实际问题时，减少训练样本的数量是必要的，因为采样成本往往比计算成本高得多。因此，我们提出了一种新型有效样本再利用的策略梯度方法，该方法系统地将可靠的策略梯度 PGPE 算法、重要采样和最优常数基线相结合。我们从理论上展示了在合理条件下，引入最优常数基线可以缓解重要权重方差较大的问题。

最优基线可以使梯度估计的方差最小化，并保持其无偏性，这可以提供更稳定的梯度估计。然而，最优基线无法避免在不对称奖励分配问题中产生误导性奖励。对此，我们提出了基于 PGPE 算法的对称采样技术，它使用了两个假设左右对称的样本来规避使用常规基线方法收集的非对称奖励分配问题中的误导性奖励。通过数值示例，说明对称采样技术不仅在复杂的搜索空间中对所需样本更高效，而且在更不稳定的搜索空间中显示出了更强的鲁棒性。

最终，为了探索本书所述的策略搜索算法在智能控制领域的实用性，我们将正则化策略搜索算法应用到数字艺术渲染领域，将样本重复使用的策略搜索算法应用到人形机器人 CB-i 中。

1.5 本书结构

本书共包含三部分主要内容：第一部分介绍本书研究背景及相关理论知识，具体内容详见第 1 章和第 2 章；第二部分是理论算法研究，我们针对不同场景，提出具体的策略搜索算法，分析算法中估计量和学习参数的统计特性，并对算法进行应用示例展示及定量比较，具体内容在第 3～6 章进行讲解。第三部分是应用研究，我们结合强化学习前沿技术将本书所提出的策略搜索算法应用到智能机器人控制及数字艺术渲染领域，具体内容详见第 7 章和第 8 章。本书内容共分为 8 章，具体结构安排如下。

第 1 章为本书的前言。我们首先介绍有关强化学习背景及研究意义，重点阐述强化学习在机器学习及智能控制领域中的应用，并说明研究意义和优势；其次，分析强化学习领域的分支；最后给出本书的主要贡献和总体结构安排。

在第 2 章中，我们给出了强化学习问题的数学公式，并回顾了一些现有的经典算法。强化学习问题在 2.1 节中得到了形式化描述。然后，我们回顾了强化学习的两种基本范式；在 2.2 节中我们回顾了策略迭代中的经典方法，其中我们给出了值函数的定义、策略迭代方法的框架，以及一种经典的策略迭代算法，即最小二乘策略迭代；在 2.3 节中，我们回顾了传统策略梯度算法（PEINFORCE 算法）、自然策略梯度方法、基于 EM 的策略搜索方法以及基于策略梯度的深度强化学习方法；2.4 节给出了本章小结。

在第 3 章中，我们对策略梯度法的稳定性进行了分析和改进。3.1 节描述了研究动机和背景知识。3.2 节介绍基于参数探索的策略梯度算法（PGPE 算法）。3.3 节研究了 REINFORCE 算法和 PGPE 算法的理论性能。更具体地说，我们从理论上证明在较弱的条件下，PGPE 算法比 REINFORCE 算法提供了更稳定的梯度估计。在 3.4 节中，我们通过推导最优基线进一步提高了 PGPE 算法的性能，并从梯度估计的方差方面对具有最优基线的 PGPE 算法进行了理论分析。随后，我们在 3.5 节通过实验证明了改进的 PGPE 算法的有效性。最后，3.6 节给出了本章小结，并对相关的论点进行讨论。

在第 4 章中，我们提出了一种新的具有有效样本重用的策略梯度算法（IW-PGPE 算法）。第 4.1 节给出了动机和背景知识。在 4.2 节中，我们系统地将 PGPE 算法与重要采样和最优常数基线相结合，给出了一种高效实用的算法，并从理论上证明了引入最优常数基线可以在某些条件下缓解重要权重的方差较大的问题。随后，在 4.3 节中，我们通过大量实验结果验证了所提方法的有效性，此外，我们在 4.3.3 节通过人形机器人的虚拟仿真实验再次证实了该方法在高维问题上的有效性。最后，我们在 4.4 节对本章进行总结。

在第 5 章中，我们提出正则化策略梯度算法（R-PGPE 算法），通过直接使用策略梯度的方差作为正则化项来降低梯度估计的方差。我们在 5.1 节介绍研究背景。第 5.2 节描述正则化策略梯度算法，其中首先在 5.2.1 节定义框架下的目标函数，然后在 5.2.2 节对目标函数的梯度进行推导。5.3 节通过示例验证所提算法有效性。最后，在 5.4 节总结本章内容。

在第 6 章中，我们讨论基于参数探索的策略梯度算法的采样技术。6.1 节介绍研究动机。6.2 节首先回顾 PGPE 算法中的基线及最优基线采样，再给出具有对称采样样本的 PGPE 算法，并将其继续拓展到超对称采样样本算法。

6.3 节通过示例结果验证对称采样技术的有效性。最后，在 6.4 节对本章进行总结。

最后，第 7 章和第 8 章给出了本书所讨论的策略搜索算法在智能控制领域的应用研究。首先，第 7 章将我们提出的递归 IW-PGPE 算法应用于真实的人形机器人 CB-i，并成功实现了两个具有挑战性的控制任务；其次，第 8 章通过正则化参数探索策略梯度算法（R-PGPE 算法）与逆强化学习的结合，捕获艺术家的绘画风格，得到笔触生成策略，动态地实现了个性风格的水墨画艺术风格转化。

参 考 文 献

[1] Schacter, D. , Gilbert, D. , Wegner, D. , et al. Psychology: European Edition[J]. Worth Publishers, 2011.

[2] Mitchell, T. M. . The Discipline of Machine Learning[R]. Technical Report CMU ML-06108, 2006.

[3] Murphy, K. P. . Machine Learning: A Probabilistic Perspective[M]. MIT Press, Cambridge, MA, 2012.

[4] Bishop, C. M. . Pattern Recognition and Machine Learning (Information Science and Statistics)[M]. Secaucus, NJ, USA: Springer-Verlag New York, Inc. , 2006.

[5] Sutton, R. S. , Ba Rto, A. G. . Reinforcement Learning: An Introduction[J]. IEEE Transactions on Neural Networks, 1998, 9(5):1054.

[6] Kaelbling, L. P. , Littman, M. L. and Moore, A. W. . Reinforcement Learning: A Survey[J]. Journal of Artificial Intelligence Research, 1996, 4:237–285.

[7] Poole, D. , Mackworth, A. K. . Artificial Intelligence: Foundations of Computational Agents[M]. Cambridge University Press, 2010.

[8] Kirk, D. E. . Optimal Control Theory: An Introduction[J]. Positively Aware the Monthly Journal of the Test Positive Aware Network, 2004, 23(2):13-5.

[9] Bertsekas, D. P. . Dynamic Programming and Optimal Control: 2nd Edition[J]. Athena Scientific, 1995.

[10] Sutton, R. S. , Barto, A. G. , and Williams, R. J. . Reinforcement Learning is Direct Adaptive

Optimal Control[J]. IEEE Control Systems Magazine, 1992, 12(2):19-22.
[11] Busoniu, L. R. , Babuška, R. , Schutter, B. D. , et al. Reinforcement Learning and Dynamic Programming Using Function Approximators[M]. CRC Press, Inc, 2010.
[12] 陈春林. 基于强化学习的移动机器人自主学习及导航控制[D]. 合肥: 中国科学技术大学, 2006.
[13] Peters, J. , Schaal, S. . Policy gradient methods for robotics[C]. In Proceedings of the IEEE/RSJ International Conferece on Intelligent Robots and Systems, 2006: 2219–2225.
[14] Tesauro, G. . TD-Gammon, a Self-Teaching Backgammon Program, Achieves Master-Level Play[J]. Neural Computation, 1944, 6(2):215-219.
[15] Abe, N. , Kowalczyk, M. , Domick, M. , et al. Optimizing Debt Collections Using Constrained Reinforcement Learning[C]. 16th ACM SGKDD Conference on Knowledge Discovery and Data Mining, 2010:75.
[16] Williams, J. D. , Young, S. . Partially Observable Markov Decision Processes for Spoken Dialog Systems[J]. Computer Speech and Language, 2007, 21(2):393-422.
[17] 李琼, 郭御风, 蒋艳凰. 基于强化学习的智能 I/O 调度算法[J]. 计算机工程与科学, 2010(7):58-61.
[18] 张水平. 在策略强化学习算法在互联电网 AGC 最优控制中的应用[D]. 广州：华南理工大学, 2013.
[19] 刘智勇, 马凤伟. 城市交通信号的在线强化学习控制[C]. 第 26 届中国控制会议, 2007.
[20] 祖丽楠. 多机器人系统自主协作控制与强化学习研究[D]. 长春: 吉林大学, 2007.
[21] 陈鑫, 魏海军, 吴敏,等. 基于高斯回归的连续空间多智能体跟踪学习[J]. 自动化学报, 2013, 39(012):2021-2031.
[22] Lee, D. , Choi, M. , and Bang, H. . Model-Free Linear Quadratic Tracking Control for Unmanned Helicopters Using Reinforcement Learning[C]. 5th International Conference on Automation, Robotics and Applications (ICARA), 2011.
[23] Valasek, J. , Doebbler, J. , Tandale, M. D. , et al. Improved Adaptive–Reinforcement Learning Control for Morphing Unmanned Air Vehicles[J]. IEEE Transactions on Systems Man and Cybernetics Part B, 2008, 38(4):1014-1020.
[24] Crespo, A. , Li, W. , and Timoszczuk, A. P. . ATFM Computational Agent Based on Reinforcement Learning Aggregating Human Expert Experience[C]. Integrated and Sustainable Transportation System IEEE, 2011.
[25] Xie, N. , Hachiya, H. , and Sugiyama, M. . Artist Agent: A Reinforcement Learning Approach to Automatic Stroke Generation in Oriental Ink Painting[J]. IEICE Transactions on Information

and Systems, 2012, E96D(5).

[26] Silver, D. , Huang, A. , Maddison, C. J. , et al. Mastering the Game of Go with Deep Neural Networks and Tree Search[J]. Nature, 2016, 529 (7587): 484-489.

[27] Thrun, S. , Burgard, W. , and Fox, D. . Probabilistic Robotics (Intelligent Robotics and Autonomous Agents)[M]. The MIT Press, 2005.

[28] Kober, J. , Bagnell, J. A. , and Peters, J. . Reinforcement Learning in Robotics: A Survey[J]. International Journal of Robotics Research, 2013.

[29] Deisenroth, M. P. , Neumann, G. , and Peters, J. R. . A Survey on Policy Search for Robotics[J]. Foundations and Trends in Robotics, 2013, 2(1-2):1–142,.

[30] Cheng, G. , Hyon, S. H. , Morimoto, J. , et al. CB: A Humanoid Research Platform for Exploring NeuroScience[J]. Advanced Robotics, 2007, 21(10):1097-1114..

[31] Watkins, C. , Dayan, P. . Q-learning[J]. Machine Learning, 1992, 8(3-4):279-292.

[32] Sutton, R. S. . Learning to Predict by the Methods of Temporal Differences[J]. Machine Learning, 1988, 3(1):9-44.

[33] Rummery, G. A. , Niranjan, M. . On-Line Q-Learning Using Connectionist Systems[J]. Technical Report, 1994.

[34] 高阳, 陈世福, 陆鑫. 强化学习研究综述[J]. 自动化学报, 2004, 30(001):86-100.

[35] 蒋国飞, 高慧琪, 吴沧浦. Q 学习算法中网格离散化方法的收敛性分析[J]. 控制理论与应用, 1999, 16(002):194-198.

[36] 蒋国飞, 吴沧浦. 基于 Q 学习算法和 BP 神经网络的倒立摆控制[J]. 自动化学报, 1998, 24(005):662-666.

[37] Lagoudakis, M. G. , Parr, R. . Least-Squares Policy Iteration[J]. Journal of Machine Learning Research, 2003, 4(6):1107-1149.

[38] 陈兴国. 基于值函数估计的强化学习算法研究[D]. 南京：南京大学, 2013.

[39] Sugiyama, M. , Hachiya, H. , Towell, C. , et al. Geodesic Gaussian Kernels for Value Function Approximation[J]. Autonomous Robots, 2008, 25(3):287-304.

[40] Hachiya, H. , Akiyama, T. , Sugiayma, M. , et al. Adaptive Importance Sampling for Value Function Approximation in Off-policy Reinforcement Learning[J]. Neural Networks, 2009, 22(10):1399-1410.

[41] Akiyama, T. , Hachiya, H. , Sugiyama, M. . Efficient exploration through active learning for value function approximation in reinforcement learning[J]. Neural Networks, 23(5):639–648, 2010.

[42] Sugiyama, M. , Hachiya, H. , Kashima, H. , et al. Least Absolute Policy Iteration--A Robust

Approach to Value Function Approximation[J]. IEICE Transactions on Information and Systems, 2010, 93(9):2555-2565.

[43] S Schaal, S. , Peters, J. , Nakanishi, J. , et al. Learning Movement Primitives[J]. Springer Tracts in Advanced Robotics. Ciena, Italy: Springer, 2004.

[44] Bagnell, J. A. , Schneider, J. G. . Autonomous Helicopter Control using Reinforcement Learning Policy Search Methods[C]. IEEE International Conference on Robotics and Automation, 2001.

[45] Kober, J. , Peters, J. . Policy Search for Motor Primitives in Robotics[J]. Machine Learning, 2011, 84(1):171-203.

[46] Ng, A. Y. , Kim, H. J. , Jordan, M. I. , et al. Autonomous Helicopter Flight Via Reinforcement Learning[J]. Advances in Neural Information Processing Systems, 2004, 16.

[47] Ng, Y. , Jordan, M. . PEGASUS: A policy search method for large MDPs and POMDPs[C]. In Proceedings of the 16th Conference on Uncertainty in Artificial Intelligence, 2000, 406–415.

[48] Sehnke, F. , Osendorfer, C. , Thomas Rückstie, et al. Parameter-exploring policy gradients[J]. Neural Networks, 2010, 23(4):551-559.

[49] Williams, R. J. . Simple Statistical Gradient-following Algorithms for Connectionist Reinforcement Learning[J]. Machine Learning, 1992, 8(3-4):229-256.

[50] Kakade, S. . A Natural Policy Gradient[J]. Advances in Neural Information Processing Systems(NIPS), 2002.

[51] Dayan, Peter, Hinton, et al. Using Expectation-maximization for Reinforcement Learning[J]. Neural Computation, 1997, 9(2):271-278

[52] Peters, J. , Schaal, S. . Natural Actor-Critic[J]. Neurocomputing, 2008, 71(7-9):1180-1190.

[53] Barto, A. G. , Mahadevan, S. . Recent Advances in Hierarchical Reinforcement Learning[J]. Discrete Event Dynamic Systems, 2003, 13(1-2):341-379.

[54] 周文吉,俞扬. 分层强化学习综述[J]. 智能系统学报, 2017, 12(5):590-594.

[55] 杜威,丁世飞. 多智能体强化学习综述[J]. 计算机科学, 2019, 46(8):1-8.

[56] 刘全, 翟建伟, 章宗长,等. 深度强化学习综述[J]. 计算机学报, 2018, 041(1):1-27.

[57] 赵冬斌, 邵坤, 朱圆恒,等. 深度强化学习综述:兼论计算机围棋的发展[J]. 控制理论与应用, 2016, 33(6):701-717.

[58] Osa, T. , Pajarinen, J. , Neumann, G. , et al. An Algorithmic Perspective on Imitation Learning[J]. Foundations and Trends in Robotics, 2018, 7(1-2):1-179.

[59] Sermanet, P. , Xu, K. , and Levine, S. . Unsupervised Perceptual Rewards for Imitation Learning[J]. arXiv preprint arXiv:1612.06699, 2016.

[60] Maeda, G. J. , Neumann, G. , Ewerton, M. , et al. Probabilistic Movement Primitives for Coordination of Multiple Human–robot Collaborative Tasks[J]. Autonomous Robots, 2017, 41(3):593-612.

[61] 张凯峰,俞扬. 基于逆强化学习的示教学习方法综述[J]. 计算机研究与发展, 2019, 56(2):254-261.

[62] 李帅龙, 张会文, 周维佳. 模仿学习方法综述及其在机器人领域的应用[J]. 计算机工程与应用, 2019, 55(04):22-35.

[63] Pan, S. J. , Yang, Q. . A Survey on Transfer Learning[J]. IEEE Transactions on Knowledge and Data Engineering, 2009, 22(10):1345-1359.

[64] 王皓, 高阳, 陈兴国. 强化学习中的迁移:方法和进展[J]. 电子学报, 2008, 36(S1):39-43.

[65] Finn, C. , Abbeel, and P. , Levine, S. . Model-agnostic Meta-learning for Fast Adaptation of Deep Networks[C]. In Proceedings of the 34th International Conference on Machine Learning, 2017:1126-1135.

[66] Todorov, E. , Erez, T. and Tassa, Y. . MuJoCo: A Physics Engine for Model-based Control[C], 2012 IEEE/RSJ International Conference on Intelligent Robots and Systems, 2012, 5026-5033.

第2章　相关研究及背景知识

本章将介绍强化学习相关理论背景知识和经典算法。首先介绍马尔可夫决策过程的基本构成及其动态过程；然后阐述现阶段强化学习的经典算法，包括基于值函数的策略学习算法和策略搜索算法，并对强化学习与其他深度学习方法结合取得的成果进行介绍；最后，对策略搜索方法及基于值函数的策略学习算法的优缺点进行分析总结。

2.1　马尔可夫决策过程

强化学习是机器学习领域的一个重要分支，是一种通过不断与环境交互学习最终获得最优策略的学习范式。智能体与环境的交互过程可建模为马尔可夫决策过程（Markov Decision Process，MDP）[1]。MDP 通常用状态、动作、状态转移概率、初始状态概率和奖励函数构成的五元组（S, A, P, P_0, r）表示，其中：

S 表示状态空间，是所有状态的集合，s_t 表示 t 时刻所处状态；

A 表示动作空间，是所有动作的集合，a_t 表示 t 时刻所选择的动作；

P 表示状态转移概率，即环境模型；根据状态转移概率是否已知，强化学习方法分为模型化强化学习和无模型强化学习；状态转移概率表明从当前状态 s_t，采取的动作 a_t，转移到下一状态 s_{t+1} 的概率，表示为 $P(s_{t+1} | s_t, a_t)$；

P_0 表示初始状态概率，表示随机选择某一初始状态的可能性；

r_t 表示 t 时刻的瞬时奖励。

智能体是具有决策能力的主体，通过状态感知、动作选择和接收反馈与环境进行互动。在每个时间步 t，智能体首先观察当前环境状态 s_t，并根据当前策略函数选择所要采取的动作 a_t，所采取的动作一方面与环境交互，依据状态

转移概率 $P(s_{t+1}\mid s_t,a_t)$ 实现当前状态 s_t 到下一状态 s_{t+1} 的转移；另一方面，根据所采取的动作 a_t 及状态的转移获得瞬时奖励 r_t 。上述过程不断迭代 T 次直至最终状态，得到路径 $h^n=[s_1^n,a_1^n,\cdots,s_T^n,a_T^n]$，其中 T 为整条路径的长度，具体过程如图 2-1 所示。

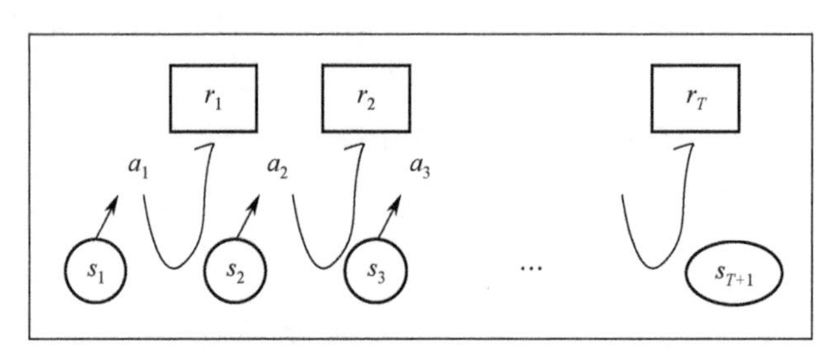

图 2-1　马尔可夫决策过程

在强化学习任务中，状态 S 和动作 A 均可以为离散状态动作空间，也可以是连续状态动作空间。其中在许多机器人控制任务中，状态和动作往往是连续的或者是高维离散的。本书将旨在解决状态空间 S 完全可被观测，该空间维度已知并且为高维连续的任务。当上述条件不成立时，任务转化为部分可观测马尔可夫决策过程（POMDP）[2]。此外，关于路径长度 T 可以是有限的，也可以是无限的，路径是有限长度的任务意味着任务在 T 步内完成，被称为回合制任务（Episodic Task），如围棋任务，初始时棋盘为空，最后棋盘摆满，一局棋相当于一次回合制任务。另一方面，无限长度路径对应连续型任务，此类问题无明确的开始和结束标志。在本书中，我们考虑路径长度有限的回合制任务。

强化学习的核心是动作选择策略。简单地说，策略是从感知到的状态到采取的动作的映射，它既可以是确定性策略也可以是随机性策略。确定性策略是给定状态 s_t ，可以得到确定的动作 $a:a_t=\pi(s_t)$ ；随机性策略是将状态空间映射到动作空间的分布，即 $a_t\sim\pi(a_t\mid s_t)$ ，表示在状态 s_t 下执行动作 a_t 的条件概率密度。强化学习是试错学习机制，需要通过与环境的交互寻找最优策略。探索和利用就是进行决策时需要平衡的两个方面，而随机性策略恰好可以满足强化学习的探索机制。

智能体与环境交互并探索动作选择策略，该策略将从任意给定步骤中最大化从该点开始所获得的折扣累积奖励。为得到最优策略，需要优化策略函数，该策略函数的更新优化需要搜集多条路径作为训练样本。如何获得最优策略即为强化学习的核心内容，根据策略函数优化对象的不同，强化学习可分为基于值函数的策略学习算法和策略搜索算法，下面将进行详细阐述。

2.2　基于值函数的策略学习算法

强化学习任务的目标是使智能体能够通过不断调整当前策略，实现最大化长期累积奖励获得最优策略[3]。其中，用来不断调整策略的方法称为策略优化方法，也是解决强化学习任务、进行策略学习的关键步骤。本节将从定义、建模、经典算法方面详细阐述基于值函数的策略学习算法。

基于值函数的策略学习算法的优化对象是值函数，该方法早在 20 世纪 80 年代末就被提出且广泛应用于强化学习策略优化方面。在强化学习中，为了使智能体能够在当前状态下选择最佳动作执行并最终得到最优策略，具备一定的自主性，需要智能体能够评估并选择最佳动作，此时可用状态–动作值函数 $Q(s,a)$ 对动作进行价值评估。具体地，在当前状态下首先计算每个状态–动作值函数 $Q(s,a)$，然后根据计算的值函数贪婪地选择值函数最大的动作，不断迭代直至最终得到最优策略：

$$\pi^* = \arg\max_{\pi} Q_{\pi}(s,a) \tag{2-1}$$

本节将首先介绍状态值函数 $V_{\pi}(s)$ 和状态–动作值函数 $Q_{\pi}(s,a)$ 的定义，随后介绍策略迭代及值迭代框架，然后介绍一种传统的学习值函数的方法：Q-learning 及 Sarsa 算法，最后讲述基于最小二乘法的策略迭代算法（LSPI）。

2.2.1　值函数

值函数是学习强化学习中的最优策略的有效方法[3]。值函数可以分为两类：状态值函数 $V_{\pi}(s)$ 和状态–动作值函数 $Q_{\pi}(s,a)$。状态值函数 $V_{\pi}(s)$ 可以用来衡量采用策略 π 时，状态 s 的价值。即状态值函数 $V_{\pi}(s)$ 是从状态 s 出发，按照策略π采取行为得到的期望累积奖励，用公式表示为：

$$V_\pi(s)=\mathbb{E}_{\pi,P_T}[\sum_{t=1}^{\infty}\gamma^{t-1}r(s_t,a_t,s_{t+1})\,|\,s_1=s]$$

其中，$\mathbb{E}_{\pi,P_T}$表示在初始状态为$s_1=s$，策略为$\pi(a_t\,|\,s_t)$和状态转移概率密度函数为$P_T(s_{t+1}\,|\,s_t,a_t)$下的期望值。

另一类是状态–动作值函数$Q_\pi(s,a)$，该值函数可以用来衡量在策略π下，智能体在给定状态下采取动作a后的价值。即状态–动作值函数是从状态s出发，采取行为a后，根据策略π执行动作所得到的期望累积奖励：

$$Q_\pi(s,a)=\mathbb{E}_{\pi,P_T}[\sum_{t=1}^{\infty}\gamma^{t-1}r(s_t,a_t,s_{t+1})\,|\,s_1=s,a_1=a]$$

其中，$\mathbb{E}_{\pi,P_T}$是在初始状态为$s_1=s$，采取动作a_1后，按照策略$\pi(a_t\,|\,s_t)$和转移模型$P_T(s_{t+1}\,|\,s_t,a_t)$下所得到的条件期望累积奖励。可以看到状态–动作值函数与状态值函数唯一不同的是，状态–动作值函数不仅指定了初始状态，而且也指定了初始动作，而状态值函数的初始动作是根据策略产生的。值函数用来衡量某一状态或者状态–动作对的优劣，对于智能体来说，就是是否值得选择这一状态或者状态–动作对。因此，最优策略自然对应着最优值函数。

在实际算法实现时，不会按照上述定义进行计算，而是通过贝尔曼方程（Bellman Equation）进行迭代[4]。下面，我们将介绍状态值函数和状态–动作值函数的贝尔曼方程求解方法。对于任意策略π和任意状态s，我们可以得到如下递归关系：

$$V_\pi(s)=\mathbb{E}_{\pi,P_T}[r(s,a,s')+\gamma V_\pi(s')]$$

其中，s'为s的下一状态。这就是贝尔曼方程的基本形态，它表明在策略π下，当前状态的值函数可以通过下一个状态的值函数来迭代求解。同样地，状态–动作值函数的贝尔曼方程可写成相似的形式：

$$Q_\pi(s,a)=\mathbb{E}_{\pi,P_T}[r(s,a,s')+\gamma Q_\pi(s',a')]$$

其中，(s',a')为下一个状态–动作对。

计算值函数是为了找到更好的策略，最优状态值函数表示所有策略中值最

大的值函数，即

$$V_{\pi}^{*}(s)=\max_{\pi}V_{\pi}(s)$$

同样地，最优状态–动作值函数可定义为在所有策略中最大的状态–动作值函数，即 $Q_{\pi}^{*}(s,a)=\max_{\pi}Q_{\pi}(s,a)$。

状态值函数更新过程为：对每一个当前状态 s，执行其可能的动作 a，记录采取动作所到达的下一状态，并计算期望价值 $V(s)$，将其中最大的期望价值函数所对应的动作作为当前状态下的最优动作。最优状态值函数 $V_{\pi}^{*}(s)$ 刻画了在所有策略中值最大的值函数，即在状态 s 下，每一步都选择最优动作所对应的值函数。

状态值函数考虑的是每个状态仅有一个动作可选（智能体认为该动作为最优动作），而状态–动作值函数是考虑每个状态下都有多个动作可以选择，选择的动作不同，转换的下一状态也不同，在当前状态下取最优动作时会使状态值函数与状态–动作值函数相等。最优状态值函数 $V_{\pi}^{*}(s)$ 的贝尔曼方程表明：最优策略下，状态 s 的价值必须与当前状态下最优动作的状态–动作值相等，即

$$\begin{aligned}V^{*}(s)&=\max_{a}Q^{*}(s,a)\\&=\max_{a}\mathbb{E}_{\pi,P_T}[\sum_{t=1}^{\infty}\gamma^{t-1}r(s_t,a_t,s_{t+1})\mid s_1=s,a_1=a]\\&=\max_{a}\mathbb{E}_{\pi,P_T}[r(s,a,s')+\gamma V^{*}(s')\mid s_1=s,a_1=a]\end{aligned}$$

状态–动作值函数 $Q^{*}(s,a)$ 的最优方程为：$Q^{*}(s,a)=\mathbb{E}_{\pi,P_T}[r(s,a,s')+\gamma\max_{a'}Q^{*}(s',a')]$。

从最优值函数的角度寻找最优策略，可以通过最大化最优状态–动作值函数 $Q^{*}(s,a)$ 来获得：

$$\pi^{*}(a|s)=\begin{cases}1, & \text{if } a=\arg\max_{a\in A}Q^{*}(s,a)\\0, & \text{otherwise}\end{cases}$$

2.2.2　策略迭代和值迭代

策略迭代是运用值函数来获取最优策略的方法[3]。策略迭代算法分为两个步骤：策略评估和策略改进。对一个具体的 MDP 问题，每次先初始化一个策

略 π_1，在每次迭代过程中，通过计算当前策略 π_l 下的贝尔曼方程得到状态–动作值函数 $Q_{\pi_l}(s,a)$，该过程称为策略评估，具体流程如图 2-2 所示。根据该值函数使用贪心策略来更新策略 π_{l+1}：

$$\pi_{l+1}(a \mid s) = \arg\max_a Q_{\pi_l}(s,a)$$

上述过程称为贪心策略改进。将上述过程不断迭代直至收敛，最终可得到最优策略：

$$\| \pi_{l+1}(a \mid s) - \pi_l(a \mid s) \| \leqslant \kappa, \forall s \in S, \forall a \in A$$

其中 $\kappa > 0$ 且一般取一个非常小的正数，$\| \cdot \|$ 为 L2 范数。

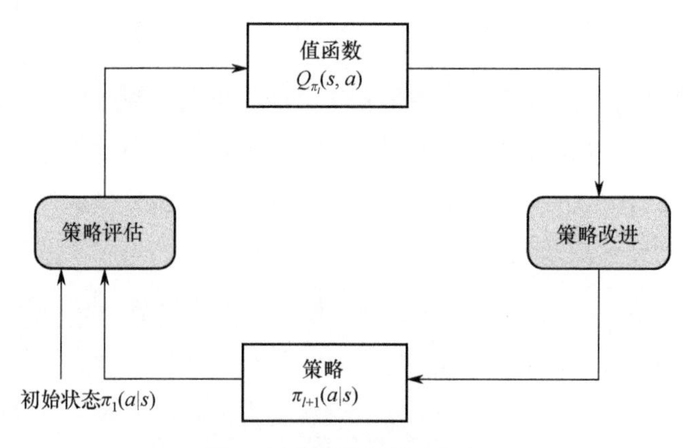

图 2-2　策略迭代算法框架

以上即是强化学习中的 Actor-Critic 算法。策略改进为 Actor 部分，决定智能体的行为，而策略评估作为 Critic，用来评判智能体行为的优劣。贪心策略改进能确保策略的性能是提高的，这就是策略改进定理：$Q_{\pi_l}(s,a) \leqslant Q_{\pi_{l+1}}(s,a)$。

该定理表明，策略 π_{l+1} 的性能一定比策略 π_l 性能更好或等同。当且仅当 $Q_{\pi_{l+1}}(s,a)$ 为最优状态–动作值函数，且 $\pi_{l+1}(a \mid s)$ 与 $\pi_l(a \mid s)$ 均为最优策略时等号成立。故在执行策略改进时除非当前策略已经是最优策略，否则要求将要更新的策略必须比原策略更好。

在策略迭代中，可以通过求解 $Q_{\pi_l}(s,a)$ 的优化问题来进行策略改进，而关键部分是策略评估，即值函数的估计。在策略评估阶段，往往需要很多次迭代才能得到收敛的值函数。然而，在很多情况中，我们在值函数还没有完全收敛时得到的策略和值函数迭代无穷次所得到的策略是一样的。针对此问题，我们希望能够降低对策略评估的要求，从而提高策略迭代的收敛速度。

值迭代是求解最优策略的另一种有效方法[5]。在值迭代方法中，对于一个具体的 MDP 问题，首先初始化所有状态值函数 $V(s)$，对每一个当前状态 s 及每个可能的动作 a，都计算采取这个动作后到达的下一个状态的期望值。取达到状态的期望值函数最大的动作 a 作为当前状态的值函数 $V(s)$的更新，即按照贝尔曼最优方程进行循环迭代：

$$V_{l+1}(s) = \max_{a\in A}\left(\mathbb{E}_{P_T}[r(s,a,s') + \gamma V_l(s')]\right)$$

直到值函数收敛，从而得到最优值函数 $V^*(s)$。最后，利用最优值函数进行一次策略更新，得到每个状态下确定性的最优策略，即

$$\pi^*(s) = \arg\max_a \mathbb{E}_{P_T}[r(s,a,s') + \gamma V^*(s')]$$

由此可见，策略迭代通常是策略评估与策略更新交替执行，直到两者均收敛，而值迭代是循环迭代寻找最优值函数，再进行一次策略提取即可，两者不需要交替执行。通常，策略迭代的收敛速度更快一些，当状态空间较小时，可选用策略迭代方法。当状态空间较大时，值迭代的计算量相对较小[5]。

综上，策略迭代和值迭代是用来解决动态规划问题的方法。动态规划就是通过把原问题分解为相对简单的子问题的方式求解复杂问题的方法。动态规划与强化学习的区别是，动态规划假设 MDP 是全知的，而强化学习中 MDP 可能是未知的。下一节，我们针对如何面对未知的 MDP 求解最优策略。

2.2.3 Q-learning

本节我们从值迭代的角度，首先讲述一种学习值函数以及求解最优策略的传统方法：Q-learning[6]。值迭代是指首先学习值函数到收敛，然后利用最优值函数确定最优的贪婪策略。

根据状态–动作值函数的贝尔曼方程可以发现当前值函数的计算用到了后续状态的值函数，即用后续状态的值函数估计当前值函数，这就是 bootstrapping 方法。然而，当没有环境的状态转移函数模型时，难以得到后续的全部状态，只能通过实验和采样的方法，每次实验一个后续状态 s' 计算一个

值函数，需要等到每次实验结束，所以学习速度慢，效率低下。因此，我们考虑在实验未结束时就估计当前值函数。时间差分法（Temporal Difference，TD）是根据贝尔曼方程求解值函数最核心的方法。根据状态–动作值函数的贝尔曼方程，Q-learning 利用 TD 偏差更新当前的值函数：

$$Q(s_t,a_t)=Q(s_t,a_t)+\alpha[r(s_t,a_t,s_{t+1})+\gamma\max_a Q(s_{t+1},a)-Q(s_t,a_t)]$$

令，$\delta_t=r(s_t,a_t,s_{t+1})+\gamma\max_a Q(s_{t+1},a)-Q(s_t,a_t)$ 表示 TD 偏差。Q-learning 伪代码如图 2-3 所示。

```
1. 对所有的状态–动作对，任意初始化 Q(s, a)
2. 迭代（对所有序列样本）：
       给定初始状态 s，根据行动策略将采取动作 a
       迭代（对每个序列中的每一步）
       1>根据行动策略在当前状态 s_t 下采取动作 a_t，得到立即奖励 r_t，转移到下一个状态 s_{t+1}
       2>更新值函数 Q(s_t, a_t)=Q(s_t, a_r) + α[r(s_t, a_t, s_{t+1})+ γmax_a Q(s_{t+1}, a)−Q(s_t, a_t)]
       3>s_t ← s_{t+1}
       直到 s_t 是序列的终止状态
     直到所有的 Q(s, a)收敛
3. 根据贪婪规则，确定最优策略
```

图 2-3　Q-learning 伪代码

值得注意的是，Q-learning 采用的是异策略（off-policy）方法，即行动策略与目标策略所采用的策略不一致，其中行动策略采用 ε 贪婪策略，而目标策略为贪婪策略。另外，Sarsa 算法是一种与 Q-learning 十分相似的算法，是基于时序差分的同策略（on-policy）方法[7]，即行动策略与目标策略所采用的策略一致，均为 ε 贪婪策略。根据状态–动作值函数的贝尔曼方程，Sarsa 算法利用 TD 偏差采用同策略方式更新当前值函数：

$$Q(s_t,a_t)=Q(s_t,a_t)+\alpha[r(s_t,a_t,s_{t+1})+\gamma Q(s_{t+1},a_{t+1})-Q(s_t,a_t)]$$

Sarsa 算法伪代码如图 2-4 所示。

由此可见，Sarsa 算法先根据 ε 贪婪策略采取动作 a，然后根据所采取的动作 a 进行值函数的更新，即先做出动作后再更新值函数。而 Q-learning 先假设下一步采取达到状态的期望值函数最大的动作 a 作为当前值函数的更新，然后再根据 ε 贪婪策略采取动作，先更新值函数再采取动作。

1. 对所有的状态–动作对，任意初始化 $Q(s, a)$
2. 迭代（对所有序列样本）：
    给定初始状态 s，根据行动策略将采取动作 a
    迭代（对每个序列中的每一步）
    1>根据行动策略在当前状态 s_t 下采取动作 a_t，得到立即奖励 r_t，转移到下一个状态 s_{t+1}
      再根据行动策略在状态 s_{t+1} 下采取动作 a_{t+1}
    2>更新值函数 $Q(s_t, a_t)=Q(s_t, a_r) + \alpha[r(s_t, a_t, s_{t+1})+ \gamma Q(s_{t+1}, a_{t+1})-Q(s_t, a_t)]$
    3>$s_t \leftarrow s_{t+1}, a_t \leftarrow a_{t+1}$
    直到 s_t 是序列的终止状态
   直到所有的 $Q(s, a)$收敛
3. 根据贪婪规则，确定最优策略

图 2-4　Sarsa 算法伪代码

以上我们从值迭代的角度介绍了求解离散状态–动作问题的值函数方法，然而使用上述方法来计算每个状态–动作值函数的方法代价极大，特别是当状态–动作空间是连续的且规模很大时，会产生维度灾难，难以求解。为解决此问题，提出了值函数逼近方法[3]。接下来将介绍基于最小二乘法的策略迭代算法。

2.2.4　基于最小二乘法的策略迭代算法

基于动态规划的强化学习方法要求状态空间和动作空间不能太大且该空间是离散的。而当状态空间为连续的或维度较大时，无法直接利用上述方法解决问题，这时就需要考虑值函数逼近（Value Function Approximation）方法。值函数逼近方法更新的是值函数中的参数，因而，任意状态或状态–动作对的值都会被更新；对于上一节介绍的方法而言，值函数更新后改变的只有当前状态或状态–动作值函数。

基于最小二乘法的策略迭代算法（Least squares Policy Iteration，LSPI）是一种参数化策略迭代算法[8]，其利用线性模型估计状态–动作值函数来提高策略性能，令 $\hat{Q}_{\pi}(s,a\,|\,\omega)$ 是 $Q_{\pi}(s,a)$ 的参数化逼近，可表示为

$$\hat{Q}_{\pi}(s,a\,|\,\omega)=\omega^{\mathrm{T}}\varphi(s,a)$$

其中，$\varphi(s,a)$ 为 k 维基函数，$\varphi(s,a)=(\varphi_1(s,a),\varphi_2(s,a),\cdots,\varphi_k(s,a))^{\mathrm{T}}$，$\omega$ 是待估计参数。当值函数的模型确定时，适当调整参数 ω，使得值函数的估计值与真

实值逼近。通过不断迭代更新参数，直到收敛。

通常在监督学习中，函数逼近使用样本的目标值作为训练集来估计函数。但是，强化学习中目标函数值不是直接可得的，必须由已收集到的路径样本计算后才能得到。此处样本是在策略 π 下，转移模型为 P_T 时得到的，可表示为 (s,a,r,s') 。假设在第 l 次迭代中，收集 N 个样本的样本集表示为 $D=\{(s_i,a_i,r_i,s'_i)\}_{i=1}^N$ 。

现在，令 $\boldsymbol{Q}_{\pi_l}$ 为第 l 次迭代时，在策略 π_l 下得到的 N 个样本的值函数，将其向量化表示为：$\boldsymbol{Q}_{\pi_l}=(Q_{\pi_l}(s_1,a_1),Q_{\pi_l}(s_2,a_2),\cdots,Q_{\pi_l}(s_N,a_N))^{\mathrm{T}}$ 。令 $\hat{\boldsymbol{Q}}_{\pi_l}$ 表示第 l 次迭代时，其参数为 $\boldsymbol{\omega}_l$ ，基函数为 $\boldsymbol{\Phi}$ 的样本的值函数的估计值：

$$\hat{\boldsymbol{Q}}_{\pi_l}=(\hat{Q}_{\pi_l}(s_1,a_1),\hat{Q}_{\pi_l}(s_2,a_2),\ldots,\hat{Q}_{\pi_l}(s_N,a_N))^{\mathrm{T}}$$

$\hat{\boldsymbol{Q}}_{\pi_l}$ 可表示为 $\hat{\boldsymbol{Q}}_{\pi_l}=\boldsymbol{\Phi}\boldsymbol{\omega}_l$ ，其中 $\boldsymbol{\omega}_l$ 是长度为 k 的列向量，基函数 $\boldsymbol{\Phi}$ 是 $N\times k$ 的矩阵：

$$\boldsymbol{\Phi}=\begin{pmatrix}\varphi(s_1,a_1)^{\mathrm{T}}\\ \varphi(s_2,a_2)^{\mathrm{T}}\\ \cdots\\ \varphi(s_N,a_N)^{\mathrm{T}}\end{pmatrix}$$

$\boldsymbol{\Phi}$ 矩阵中每行代表某一样本 (s,a) 基函数的值，每列表示的是所有样本对某一基函数的值。

状态–动作值函数的贝尔曼方程：$Q_\pi(s,a)=R(s,a)+\gamma\mathbb{E}_{\pi,P_T}[Q_\pi(s',a')]$ ，其中 $R(s,a)=\mathbb{E}_{P_T(s'|s,a)}[r(s,a,s')]$ 。将贝尔曼方程转化为基于 N 个样本的矩阵形式，方程变为：

$$\boldsymbol{Q}_{\pi_l}=\boldsymbol{R}+\gamma\mathbb{E}_{\pi_l,P_T}[\boldsymbol{Q}'_{\pi_l}]$$

其中，$\boldsymbol{Q}_{\pi_l}$ 和 $\boldsymbol{R}$ 是 N 维向量。现在，$\hat{\boldsymbol{Q}}_{\pi l}$ 代替 $\boldsymbol{Q}_{\pi l}$ ，使得估计值函数逼近贝尔曼方程，可得：

$$\boldsymbol{\Phi}\boldsymbol{\omega}_l=\boldsymbol{R}+\gamma\mathbb{E}_{\pi,P_T}[\boldsymbol{\Phi}'\boldsymbol{\omega}_l]$$

函数估计的目标是最小化贝尔曼残差的 L2 范数，即

$$\boldsymbol{\omega}_l^*=\arg\min_{\boldsymbol{\omega}_l}\|\boldsymbol{\Phi}\boldsymbol{\omega}_l-\gamma\mathbb{E}_{\pi,P_T}\left[\boldsymbol{\Phi}'\boldsymbol{\omega}_l\right]-\boldsymbol{R}\|_2$$

由于基函数的列是线性无关的，通过对上式求解，可得唯一的最优解为：

$$\boldsymbol{\omega}_l = ((\boldsymbol{\Phi} - \gamma \mathbb{E}_{\pi_l, P_T}[\boldsymbol{\Phi}'])^{\mathrm{T}} (\boldsymbol{\Phi} - \gamma \mathbb{E}_{\pi_l, P_T}[\boldsymbol{\Phi}'])^{-1} (\boldsymbol{\Phi} - \gamma \mathbb{E}_{\pi_l, P_T}[\boldsymbol{\Phi}'])^{\mathrm{T}} \boldsymbol{R}$$

这就是目标函数的贝尔曼残差最小化逼近。得到值函数的估计后，便可根据估计的值函数进行策略的更新，这就是基于最小二乘法的策略迭代算法，算法框架如图 2-5 所示。在任何给定状态 s 下，使值函数的估计值在动作空间 A 上最大化，可以得到该估计值函数上的贪婪策略 π 。

$$\pi_{l+1}(s) = \arg\max_a \widehat{Q}_{\pi_l}(s,a) = \arg\max_a \boldsymbol{\omega}_l^{\mathrm{T}} \boldsymbol{\varphi}(s,a)$$

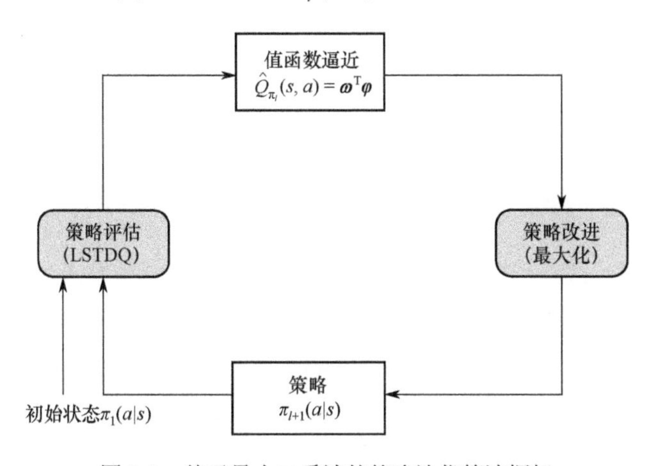

图 2-5　基于最小二乘法的策略迭代算法框架

截至目前，我们所使用到的策略更新方法都是确定性的贪心策略，但是在实际情况中，由于大规模的状态动作空间中需要探索新的状态–动作对以获得更好的策略，故随机策略相对于确定性策略更有优势。因此，在随机概率改进中考虑了所得到的策略的随机性。在这里，我们引入一个改进的随机策略技术：

$$\pi_{l+1}(a \mid s) = \frac{\hat{Q}_{\pi_l}(s,a)/\tau}{\int \exp(\hat{Q}_{\pi_l}(s,a)/\tau)\mathrm{d}a}$$

其中，τ 是一个确定新策略 $\pi_{l+1}(a \mid s)$ 随机性的参数，该策略称为吉布斯策略更新技术（Gibbs Policy Update）。

2.2.5　基于值函数的深度强化学习方法

深度强化学习以一种通用的形式将深度学习的智能感知与强化学习的决策能力相结合，直接通过高维感知输入的学习来控制智能体的行为。Minh 等人将卷积神经网络与传统 Q-learning 结合，提出新的值函数估计方法——深度 Q 网络（Deep Q-learning Network，DQN）[9]。DQN 方法是深度强化学习领域的开创性工作，可以在许多 Atari 游戏中达到超乎常人的游戏水平，另外在处理基于视觉感知的控制任务方面也取得了显著成果。相比传统的 Q-learning，DQN 方法新增经验回放机制和目标网络稳定训练过程。经验回放机制降低了数据间的相关性且使得样本可重用，从而提高了学习效率。该方法将连续动作空间离散化来解决连续状态空间问题，但是由于值函数的极度非凸性，智能体难以在每一个时间步都通过最大化值函数选择动作；另外，值函数由于需要对具体动作和状态评价，当动作空间连续或具有大规模动作空间时，如物理控制任务中的高维度连续动作空间，该方法往往不能有效求解。此外，动作空间的离散化会丢失关于动作空间结构的有用信息，且面临维度灾难的问题[10]。

近年，相关研究对 DQN 方法做了一系列改进，具体改进方向可分为训练算法的改进、具体网络结构的改进和引入新机制的改进等[10]。具体地，有解决 Q-learning 中过高估计动作值函数的双 DQN（Double DQN，DDQN）方法[11]、减少和环境交互次数的示范深度 Q-learning[12]；解决实际应用中状态存在部分可观测性和噪声干扰的深度循环 Q 网络[13]、提高生成序列质量的增广对数先验深度 Q-learning[14]；降低深度强化学习抽样复杂度和提高算法效率的基于归一化优势函数的 DQN 方法[15]等。

上述基于值函数的深度强化学习方法中的策略是通过策略迭代中的值函数间接学习得到的，然而，提高值函数逼近的质量不一定能产生更好的策略。值函数的微小变化可能会导致策略的极大变化，因此使用基于值函数的方法来控制昂贵的智能系统（如人形机器人）是不安全的。此外，基于值函数的策略学习方法难以处理连续动作空间问题，因为需要找到值函数的最大值来进行动作的选择。解决上述问题的一种方案是策略搜索算法，我们将在下一节中进行讲述。

2.3 策略搜索算法

策略搜索算法（Policy Search）广泛用于解决具有连续状态、动作空间的复杂决策强化学习任务，特别是大规模环境中具有连续状态及动作空间的决策控制问题[16]。在解决强化学习问题时，策略搜索是将策略参数化，利用参数化的线性函数或者非线性函数表示策略，寻找最优的策略参数，使得强化学习的目标，即回报的期望最大。

本节我们将对策略搜索进行建模，介绍经典的策略搜索算法，如传统策略梯度算法[17]，自然策略梯度方法[18]以及期望最大化（Expectation Maximization，EM）的策略搜索方法[19]，综述深度强化学习领域中关于策略搜索算法的研究进展，最后总结基于值函数的策略学习算法与策略搜索算法的优缺点。

2.3.1　策略搜索算法建模

策略搜索算法直接利用现有样本数据对策略进行学习，其主要思想是将策略 π 表示为参数为 $\boldsymbol{\theta}$ 的函数，即 $\pi(a\,|\,s,\boldsymbol{\theta})$ 。策略搜索算法的目的就是找到可以使得期望回报值最大化的最优参数。

智能体与环境交互得到路径 h 后，便可计算路径的回报，将其表示为：

$$R(h)=\sum_{t=1}^{T}\gamma^{t-1}r(s_t,a_t,s_{t+1})$$

其中，γ 是折扣因子，通常 $0\leqslant\gamma<1$，折扣因子 γ 决定了回报的时间尺度，瞬时奖励乘以折扣因子，这样意味着当下的奖励比未来反馈的奖励更重要。接近 1 的折扣因子更关注长期的累积奖励，而接近 0 的折扣因子优先考虑短期奖励，更关注短期目标。由于环境的动态性及不确定性，每条路径不是确定的，它的回报是一个随机变量，因此无法通过一条路径的回报衡量与描述它的好坏，但是其期望是一个确定值。因此，我们用回报的期望来衡量一个策略。回报的期望可表示为策略参数 $\boldsymbol{\theta}$ 的函数：

$$J(\boldsymbol{\theta})=\int p(h\,|\,\boldsymbol{\theta})R(h)\mathrm{d}h$$

这里路径 h 发生的概率密度取决于策略，根据马尔可夫随机性质，可将其表示为：

$$p(h\,|\,\boldsymbol{\theta})=p(s_1)\prod_{t=1}^{T}p(s_{t+1}\,|\,s_t,a_t)\pi(a_t\,|\,s_t,\boldsymbol{\theta})$$

回报的期望 $J(\theta)$ 最大化所对应的参数为最优策略参数 θ^*：

$$\theta^* = \arg\max_{\theta} J(\theta)$$

下面，介绍寻找最优策略参数的经典策略搜索算法：传统策略梯度算法（REINFORCE 算法）[17]、自然策略梯度方法[18]以及期望最大化的策略搜索方法[19]。

2.3.2 传统策略梯度算法（REINFORCE 算法）

寻找最优策略参数的最简单、最常用的方式是梯度上升法，在强化学习领域我们将其称为传统策略梯度算法，即 REINFORCE 算法[17]，它直接通过梯度上升更新策略参数 θ:

$$\theta \leftarrow \theta + \varepsilon \nabla_{\theta} J(\theta)$$

其中 ε 为学习率，它是一个非常小的正数。因此，REINFORCE 算法的关键是如何计算策略梯度 $\nabla_{\theta} J(\theta)$ 。

我们对回报的期望求导可得：

$$\begin{aligned}\nabla_{\theta} J(\theta) &= \int \nabla_{\theta} p(h \mid \theta) R(h) \mathrm{d}h \\ &= \int p(h \mid \theta) \nabla_{\theta} \log p(h \mid \theta) R(h) \mathrm{d}h \\ &= \int p(h \mid \theta) \sum_{t=1}^{T} \nabla_{\theta} \log \pi(a_t \mid s_t, \theta) R(h) \mathrm{d}h\end{aligned}$$

这里使用了 log 函数求导: $\nabla_{\theta} p(h \mid \theta) = p(h \mid \theta) \nabla_{\theta} \log p(h \mid \theta)$ 。然而，路径的概率密度函数 $p(h \mid \theta)$ 未知，因此，无法得到策略梯度 $\nabla_{\theta} J(\theta)$ 的解析解。我们可以利用经验平均估算，即利用当前策略采样得到 N 条路径，然后用这 N 条路径的经验平均估计策略梯度，即：

$$\nabla_{\theta} \hat{J}(\theta) = \frac{1}{N} \sum_{n=1}^{N} \sum_{t=1}^{T} \nabla_{\theta} \log \pi(a_t^n \mid s_t^n, \theta) R(h^n)$$

其中，$h^n = [s_1^n, a_1^n, \cdots, s_T^n, a_T^n]$ 为采样的第 n 条路径样本。由此可以看出，策略梯度的计算最终转换为动作策略的梯度值。

通常，为了更好地进行探索，我们选择随机策略。高斯策略模型是最常用的一种策略模型，假设此处的策略参数为 $\theta = (\mu, \sigma)$ ，其中 μ 为均值向量，σ

为标准差，高斯策略模型可表示为：

$$\pi(a \mid s;\theta)=\frac{1}{\sigma\sqrt{2\pi}}\exp(-\frac{(a-\boldsymbol{\mu}^{\mathrm{T}}\boldsymbol{\varphi}(s))^2}{2\sigma^2})$$

其中 $\boldsymbol{\varphi}(s)$ 为基函数向量。在高斯策略模型下，可以很容易求得动作策略梯度的解析解：

$$\nabla_{\mu}\log\pi(a \mid s,\theta)=\frac{a-\boldsymbol{\mu}^{\mathrm{T}}\boldsymbol{\varphi}(s)}{\sigma^2}\boldsymbol{\varphi}(s)$$

$$\nabla_{\sigma}\log\pi(a \mid s,\theta)=\frac{(a-\boldsymbol{\mu}^{\mathrm{T}}\boldsymbol{\varphi}(s))^2-\sigma^2}{\sigma^3}$$

到此为止，我们就可以通过梯度上升法计算策略梯度，改进策略参数，直到收敛为止。但是，该方法的问题是当估计策略梯度的样本数不足时，上述策略梯度的方差较大，容易导致收敛速度较慢及不稳定的问题。

2.3.3　自然策略梯度方法（Natural Policy Gradient）

传统策略梯度算法使用欧氏距离来更新参数的方向，这意味着所有参数的维度对所得到的策略均具有较大影响。在更新策略时，使用传统策略梯度算法的一个主要原因是可以通过小幅度调整参数来稳定地改变策略。然而，对策略参数的小幅度调整可能会造成策略的大幅度改变。为了能够使策略更新过程相对稳定，就需要分布 $\pi(a_t \mid s_t,\boldsymbol{\theta})$ 保持相对稳定，在每次更新后分布不会产生较大变化，这就是自然策略梯度方法的核心思想[18]。

每次迭代后对参数 $\boldsymbol{\theta}$ 进行更新，策略 $\pi(a_t \mid s_t,\boldsymbol{\theta})$ 自然也随之改变。策略分布在更新前后存在一定的差异。在自然策略梯度方法中使用 Kullback Leibler（KL）散度来测量当前策略下的路径分布与更新的策略下路径分布之间的距离。KL 散度是两个随机分布距离的度量，记为 $D_{\mathrm{KL}}(p\|q)$，它衡量两个分布 p和q 的相似程度。Fisher 信息矩阵可以用来近似计算当前策略下的路径分布 $p(h|\boldsymbol{\theta})$ 和更新 $\boldsymbol{\theta}$ 至 $\boldsymbol{\theta}+\Delta\boldsymbol{\theta}$ 后策略下的路径分布 $p(h|\boldsymbol{\theta}+\Delta\boldsymbol{\theta})$ 之间的距离（$\Delta\boldsymbol{\theta}$ 为一个非常小的数），我们将 Fisher 信息矩阵用 $\boldsymbol{F}_{\theta}$ 来表示：

$$\mathrm{KL}(p(h|\boldsymbol{\theta})\,\|\,p(h|\boldsymbol{\theta}+\Delta\boldsymbol{\theta}))\approx\Delta\boldsymbol{\theta}^{\mathrm{T}}\boldsymbol{F}_{\theta}\Delta\boldsymbol{\theta}$$

$$\boldsymbol{F}_{\theta}=\int p(h|\boldsymbol{\theta})\nabla_{\theta}\log p(h|\boldsymbol{\theta})\nabla_{\theta}\log p(h|\boldsymbol{\theta})^{\mathrm{T}}\mathrm{d}h$$

与传统策略梯度算法更新 $\nabla_{\boldsymbol{\theta}}J(\boldsymbol{\theta})$ 类似，自然策略梯度方法也更新策略参数，使得策略更新前后的路径分布之间的 KL 散度不大于 ε：

$$\mathrm{KL}(p(h|\boldsymbol{\theta})\|p(h|\boldsymbol{\theta}+\Delta\boldsymbol{\theta}))\leqslant\varepsilon$$

其中 ε 是很小的数，趋于 0。也就是说自然梯度策略方法可以保证策略参数得到最大程度改变的同时，策略更新前后的路径分布只发生微小的变化，从而保证策略更新过程相对稳定。我们可以将自然梯度下降表示为如下优化问题：

$$\Delta\boldsymbol{\theta}^{NG}=\arg\max_{\Delta\boldsymbol{\theta}}\Delta\boldsymbol{\theta}^{\mathrm{T}}\nabla_{\boldsymbol{\theta}}J(\boldsymbol{\theta})$$

$$\mathrm{s.t.}\Delta\boldsymbol{\theta}^{\mathrm{T}}\boldsymbol{F}_{\boldsymbol{\theta}}\Delta\boldsymbol{\theta}\leqslant\varepsilon$$

以上目标函数的解析解为：$\Delta\boldsymbol{\theta}^{NG}=\boldsymbol{F}_{\boldsymbol{\theta}}^{-1}\nabla_{\boldsymbol{\theta}}J(\boldsymbol{\theta})$，其中 $\boldsymbol{F}_{\boldsymbol{\theta}}^{-1}$ 表示 Fisher 信息矩阵的逆，$\nabla_{\boldsymbol{\theta}}J(\boldsymbol{\theta})$ 为传统的策略梯度。同样地，我们可以利用经验平均来估计 Fisher 信息矩阵，其经验值可表示为

$$\hat{\boldsymbol{F}}_{\theta}=\frac{1}{N}\sum_{n=1}^{N}\nabla_{\boldsymbol{\theta}}\log p(h^n|\boldsymbol{\theta})\nabla_{\boldsymbol{\theta}}\log p(h^n|\boldsymbol{\theta})^{\mathrm{T}}$$

其中，$h^n=[s_1^n,a_1^n,\ldots s_T^n,a_T^n]$ 为采集的第 n 条路径样本。

由于 Fisher 信息矩阵总是正定矩阵，自然梯度围绕传统梯度的旋转角度始终小于 90°。因此，自然策略梯度方法的收敛同传统策略梯度算法一样具有保证。

与传统策略梯度算法相比，自然策略梯度方法能够很好地避免过早进入到停滞期，以及在目标函数变化极大的情况下出现参数更新步长过大的现象。因此，在实际应用中自然策略梯度方法的学习过程往往比其他方法收敛得更快[20]。

为对比自然策略梯度方法与传统策略梯度算法的不同，我们使用高斯策略模型，并预先设定最优策略参数为 $\theta^*=(\mu^*,\sigma^*)=(-0.912,0)$。自然策略梯度方法与传统策略梯度算法的参数更新过程如图 2-6 所示。图中轮廓线及箭头分别表示期望回报和梯度方向。通过观察可见，传统策略梯度算法中参数 σ 变化很快，使之过早停止探索，最终导致只能找到局部最优。而自然策略梯度方法能够缓慢地更新参数 σ 和 $\boldsymbol{\mu}$，最终快速找到最优解。此外，在目标函数曲线变化平缓区域，传统策略梯度算法难以沿着正确的方向更新参数，而自然策略梯度方法不存在这样的问题。

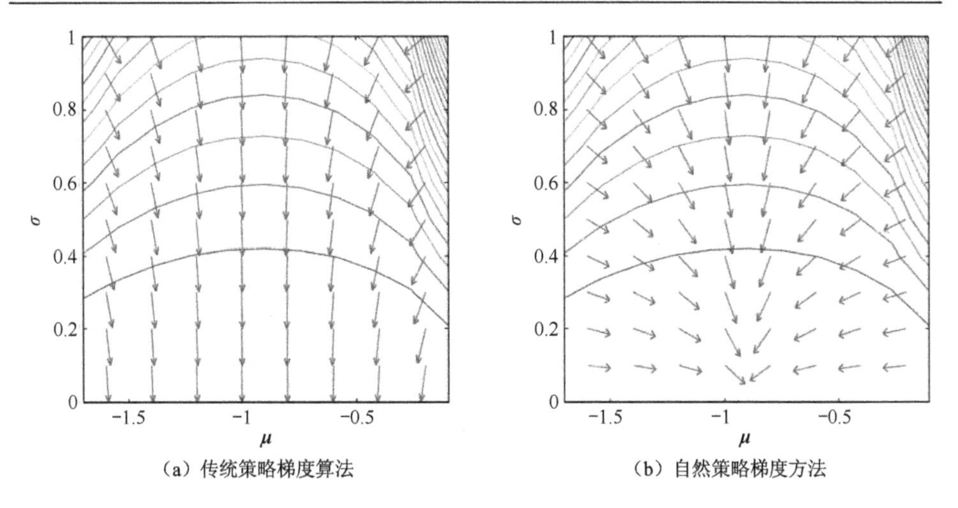

（a）传统策略梯度算法　　（b）自然策略梯度方法

图 2-6　传统策略梯度算法与自然策略梯度方法的策略参数更新路径比较

自然策略梯度方法与传统策略梯度算法相比，确实能更稳定、更快速地更新策略参数。然而，由于 Fisher 信息矩阵的逆难解，使得自然策略梯度方法难以在实际应用中得以应用[21]。

2.3.4　期望最大化的策略搜索方法

基于梯度的策略更新方法需要人为指定超参数和学习率，学习率的设定往往需要丰富的先验知识。如果学习率设定不当，常常会导致参数更新不稳定或收敛速度很慢[22]。对于以上问题，可以用期望最大化（Expectation Maximization，EM）的策略搜索方法解决[23]。期望最大化的策略搜索方法的主要思想是在无法观测的隐变量的概率模型中寻找参数最大似然估计或最大后验估计。期望最大化的策略搜索方法就是用于估计具有隐变量模型的最大似然解的迭代过程。

基于高斯策略模型与期望最大化求解方法相结合的策略搜索方法，我们称为回报加权回归（Reward Weighted Regression，RWR），RWR 的基本思想是通过最大化期望回报的下界来迭代更新策略参数[19]。

下面对 RWR 进行简要说明。令 $\boldsymbol{\theta}_l$ 为当前策略参数，其中 l 为迭代次数。首先给出对数期望回报的下界，即强化学习中目标函数的对数，并将其定义为 $Q_l(\boldsymbol{\theta})$：

$$\log J(\theta) \geqslant \int \frac{R(h)p(h|\theta_l)}{J(\theta_l)} \log \frac{p(h|\theta)}{p(h|\theta_l)} \mathrm{d}h + \log J(\theta_l) = Q_l(\theta)$$

期望最大化的策略搜索方法通过最大化下界 $Q_l(\theta)$ 迭代更新参数 θ，用公式可表示为：

$$\theta_{l+1} = \arg\max_{\theta} Q_l(\theta)$$

由于在当前策略参数 θ_l 下，$\log J(\theta_l) = Q_l(\theta_l)$，下界函数 $Q_l(\theta)$ 与原函数在 θ_l 处重合。因此，通过最大化下界得到的更新参数能保证参数更新方向沿着期望回报单调增加方向进行，即

$$J(\theta_{l+1}) \geqslant J(\theta_l)$$

因此，期望最大化的策略搜索方法能够保证最终结果一定收敛于局部最大期望回报 $\log J(\theta)$。为了得到 $Q_l(\theta)$ 的最大值，可以对 $Q_l(\theta)$ 关于 θ 求导，然后置 0：

$$\begin{aligned}
\nabla_\theta Q_l(\theta) &= \nabla_\theta \int \frac{R(h)p(h|\theta_l)}{J(\theta_l)} \log \frac{p(h|\theta)}{p(h|\theta_l)} \mathrm{d}h + \log J(\theta_l) \\
&= \int \frac{R(h)p(h|\theta_l)}{J(\theta_l)} \nabla_\theta \log p(h|\theta) \mathrm{d}h \\
&= \int \frac{R(h)p(h|\theta_l)}{J(\theta_l)} \nabla_\theta \sum_{t=1}^{T} \log \pi(a_t | s_t, \theta) \mathrm{d}h = 0
\end{aligned} \tag{2-2}$$

求解上式，便可得到最优解。现在，我们使用策略参数为 $\theta = (\mu, \sigma)$ 的高斯策略模型，其中 μ 为均值向量，σ 为标准差。该策略模型表示为：

$$\pi(a|s;\theta) = \frac{1}{\sigma\sqrt{2\pi}} \exp\left(-\frac{(a - \mu^{\mathrm{T}}\varphi(s))^2}{2\sigma^2}\right)$$

其中，$\varphi(s)$ 是 l 维基函数向量。

对高斯策略模型的对数中的策略参数求导，可得解析解：

$$\begin{aligned}
\nabla_\mu \log \pi(a|s,\theta) &= \frac{a - \mu^{\mathrm{T}}\varphi(s)}{\sigma^2} \varphi(s) \\
\nabla_\sigma \log \pi(a|s,\theta) &= \frac{(a - \mu^{\mathrm{T}}\varphi(s))^2 - \sigma^2}{\sigma^3}
\end{aligned} \tag{2-3}$$

假设高斯策略模型的参数 $\theta = (\mu, \sigma)$ 更新后为 $\theta_{l+1} = (\mu_{l+1}, \sigma_{l+1})^{\mathrm{T}}$，将式（2-3）代入式（2-2），便可得到更新后的参数：

$$\mu_{l+1} = (\int R(h)p(h \mid \theta_l)\mathrm{d}h\sum_{t=1}^{T}\varphi(s_t)\varphi(s_t)^{\mathrm{T}})^{-1}\int R(h)p(h \mid \theta_l)\mathrm{d}h\sum_{t=1}^{T}a_t\varphi(s_t)$$

$$\sigma_{l+1}^2 = \left(\int R(h)p(h \mid \theta_l)\mathrm{d}h\right)^{-1}\left(\int R(h)p(h \mid \theta_l)\mathrm{d}h\sum_{t=1}^{T}(a_t - \mu_{l+1}^{\mathrm{T}}\varphi(s_t))^2\right)$$

由于上式中的 $p(h \mid \theta)$ 未知，要想更新策略参数，就需要对数据进行采样，用经验估计值逼近目标函数值。假设我们收集到 N 条路径样本 $h^n = [s_1^n, a_1^n, \cdots, s_T^n, a_T^n]$，利用采样样本得到的经验估计值为：

$$\hat{\mu}_{l+1} = \left(\frac{1}{N}\sum_{n=1}^{N}R(h_n)\sum_{t=1}^{T}\varphi(s_t^n)\varphi(s_t^n)^{\mathrm{T}}\right)^{-1}\left(\frac{1}{N}\sum_{n=1}^{N}R(h_n)\sum_{t=1}^{T}a_t^n\varphi(s_t^n)\right)$$

$$\hat{\sigma}_{l+1}^2 = \left(\frac{1}{N}\sum_{n=1}^{N}R(h_n)\right)^{-1}\left(\frac{1}{N}\sum_{n=1}^{N}R(h_n)\sum_{t=1}^{T}(a_t^n - \mu_{l+1}^{\mathrm{T}}\varphi(s_t^n))^2\right)$$

通过对上述过程不断迭代求解，直到参数更新收敛，便为 RWR 的求解过程。

2.3.5　基于策略的深度强化学习方法

在深度强化学习领域中，Lillicrap 等人将 DQN 方法中的经验回放机制和目标网络应用在策略搜索方法中，提出深度策略梯度方法（Deep Deterministic Policy Gradient，DDPG）增加算法的稳定性和鲁棒性[24]。另外，DDPG 不仅能处理具有连续动作空间的强化学习任务，而且由于该方法与深度学习结合，使得其能够高效地应用到大规模复杂决策问题中。然而，该方法需要对网络模型进行大规模的训练才能收敛而且交互环境中存在的环境噪声一定程度上也会影响策略性能。

在梯度更新时，策略梯度方法很难确定每步的更新步长，步长太小时容易使算法陷入局部最优且收敛速度慢，步长过大时会导致最终找不到最优策略。针对此问题，Schulman 提出信赖域策略优化方法（Trust Region Policy Optimization，TRPO）[25]，引入 KL 散度（Kullback-Leibler Divergence）定义的信赖域约束强制限定新旧策略之间的差异来选取合适的步长，保证策略优化过程总是朝着不变坏的方向进行，从而避免因步长偏大或偏小导致的问题[26]。然而，TRPO 将 KL 约束独立出来的方法会导致计算过程复杂性提高。

针对 TRPO 难以计算的问题，OpenAI 改进了 TRPO 的目标函数，提出近端策略优化算法（Proximal Policy Optimization，PPO）[27]。该算法直接使用上下界常量对策略更新幅度进行裁剪，此方法能够降低计算复杂度，另外，由于传统策略梯度算法每更新一次参数都需要进行重新采样，参数更新慢，即要训练学习具有自主能力的智能体和与环境进行交互的智能体是同一个智能体，是一种 on-policy 的策略搜索方法；与之对应的是 off-policy 策略搜索方法，即要训练的智能体和与环境进行交互的智能体不是同一个智能体。PPO 解决了参数更新效率低的问题，是一种 off-policy 的策略搜索方法，还可以在一次采样后多次更新策略参数，从而提高了样本利用率。

综上，本节介绍了强化学习领域中经典的策略搜索算法。基于上述内容，我们总结策略搜索算法的优缺点。

（1）策略搜索算法是对策略进行参数化表示，与基于值函数的策略学习算法中对值函数进行参数化表示相比，策略参数化更简单，更容易收敛。

（2）利用基于值函数的策略学习算法求解最优策略时，策略改善需要求解 $\arg\max_a Q(s,a)$，当动作空间极大或为连续动作空间时，无法进行求解。

（3）策略搜索算法通常采用随机策略，因此可以将探索更好地融入到策略的学习过程中。

与基于值函数的策略学习算法相比较，策略搜索算法同时也存在一些不足，如：

（1）策略搜索算法容易陷入局部最小值；

（2）策略评价的样本不充足时，策略搜索算法会导致方差较大，最终影响收敛。

2.4 本章小结

基于值函数的策略学习算法与策略搜索算法是无模型强化学习领域的两大范式。本章简要介绍了基于值函数的策略学习算法，其中包括值函数的基本概念、策略迭代、值迭代及迭代框架，以及经典的 Q-learning 和基于最小二乘法的策略迭代算法；策略搜索算法中介绍了传统策略梯度算法、自然策略梯度方法及期望最大化的策略搜索方法。

在后续章节中，我们将基于本章介绍的基本概念及模型展开对策略搜索算法的详细分析及介绍，如第 3 章关于策略梯度算法的改进方法——基于参数探索的策略梯度算法及其最优基线[28][29]，第 4 章关于样本重复使用的策略梯度算法[30]，第 5 章关于正则化策略梯度算法[31]，第 6 章基于参数探索的策略梯度算法的采样技术[32]。

参考文献

[1] Sigaud, O. , Garcia, F. . Markov Decision Processes in Artificial Intelligence[M]. Wiley, John & Sons, Incorporated, 2013.

[2] Surhone, L. M. , Tennoe, M. T. , Henssonow, S. F. . Partially Observable Markov Decision Process[M]. Betascript Publishing, 2010.

[3] Sutton, R. S. , Barto, A. G. . Reinforcement Learning: An Introduction[J]. IEEE Transactions on Neural Networks, 1998.

[4] C Szepesvári. Algorithms for Reinforcement Learning[J]. Synthesis Lectures on Artificial Intelligence and Machine Learning, 2010, 4(1).

[5] 郭宪. 深入浅出强化学习原理入门[M]. 北京：电子工业出版社, 2018.

[6] Watkins, C. , Dayan, P. . Q-learning[J]. Machine Learning, 1992, 8(3-4):279-292

[7] Rummery, G. A. , Niranjan, M. . On-Line Q-Learning Using Connectionist Systems[J]. Technical Report, 1994.

[8] Lagoudakis, M. G. , Parr, R. . Least-Squares Policy Iteration[J]. Journal of Machine Learning Research, 2003, 4(6):1107-1149.

[9] Silver, D. , Schrittwieser, J. , Simonyan K. , et al. Mastering the game of go without human knowledge[J]. Nature, 2017, 550(7676): 354-359.

[10] 刘建伟，高峰，罗雄麟. 基于值函数和策略梯度的深度强化学习综述[J]. 计算机学报, 2019, 042(006):1406-1438.

[11] Van Hasselt, H. ,Guez, A. , Silver, D. . Deep Reinforcement Learning with Double Q-

learning[A]. In Thirtieth AAAI Conference on Artificial Intelligence, 2016.

[12] Hester, T. , Vecerik, M. , Pietquin, O. , et al. Learning from Demonstrations for Real World Reinforcement Learning[J]. arXiv preprint arXiv:1704.03732, 2017.

[13] Raghu, A. , Komorowski, M. , Celi, L. A. , et al. Continuous State-Space Models for Optimal Sepsis Treatment - a Deep Reinforcement Learning Approach[J]. arXiv preprint arXiv:1705.08422, 2017.

[14] Jaques, N. , Gu, S. , Bahdanau, D. , et al. Sequence Tutor: Conservative Fine-tuning of Sequence Generation Models with Kl-control[A]. In Proceedings of the 34th International Conference on Machine Learning, 2017, 70:1645-1654.

[15] S. Gu, T. Lillicrap, I. Sutskever, etc. Continuous deep q-learning with model-based acceleration[A]. In International Conference on Machine Learning[C], 2016; 2829-2838.

[16] Ng, A. Y. , Jordan, M. I. . PEGASUS: A Policy Search Method for Large MDPs and POMDPs[J]. Morgan Kaufmann Publishers Inc, 2013.

[17] Williams, R. J. . Simple Statistical Gradient-following Algorithms for Connectionist Reinforcement Learning[J]. Machine Learning, 1992, 8(3-4):229-256.

[18] S. Kakade. A natural policy gradient[M]. In Advances in Neural Information Processing Systems, Cambridge, MIT Press, 14:1531-1538.

[19] Peters, J. , Schaal, S. . Reinforcement Learning for Operational Space Control[C]. IEEE International Conference on Robotics and Automation, 2007.

[20] Amari, S. . Natural Gradient Works Efficiently in Learning[J]. Neural Computation, 1998, 10(2):251–276.

[21] M. P. Deisenroth, G. Neumann, and J. Peters. A survey on policy search for robotics. Foundations and Trends in Robotics, 2(1-2):1–142, 2013.

[22] Kober, J. , Peters, J. . Policy Search for Motor Primitives in Robotics[J]. Machine Learning, 2011, 84(1):171-203.

[23] Dayan, Peter, Hinton, et al. Using Expectation-maximization for Reinforcement Learning.[J]. Neural Computation, 1997, 9(2):271-278.

[24] Casas, N. . Deep Deterministic Policy Gradient for Urban Traffic Light Control[J]. arXiv preprint arXiv:1703.09035, 2017.

[25] Schulman, J. , Levine, S. , Moritz, P. , et al. Trust Region Policy Optimization[J]. Computer Science, 2015:1889-1897.

[26] Pérez-Cruz, F. . Kullback-Leibler Divergence Estimation of Continuous Distributions[A]. In 2008 IEEE international symposium on information theory, 2008:1666-1670.

[27] Schulman, J. , Wolski, F. , Dhariwal, P. , et al. Proximal Policy Optimization Algorithms[J]. arXiv preprint arXiv:1707.06347, 2017.

[28] Zhao, T. , Hachiya, H. , Gang, N. , et al. Analysis and Improvement of Policy Gradient Estimation[J]. Neural Networks, 2012, 26(2):118-129.

[29] Zhao, T. , Hachiya, H. , Gang, N. , et al. Analysis and improvement of policy gradient estimation[J]. Advances in Neural Information Proceeding System (NIPS), 2011, 24:262-270.

[30] Zhao, T. , Hachiya, H. , Hirotaka, et al. Efficient Sample Reuse in Policy Gradients with Parameter-Based Exploration[J]. Neural Computation, 2013, 25:1512-1547.

[31] T. Zhao, G. Niu, N. Xie, J. Yang and M. Sugiyama. Regularized policy gradients: Direct variance reduction in policy gradient estimation. Proceedings of the 7th Asian Conference on Machine Learning (ACML 2015),vol.45, pp.333-348, Hong Kong, China, Nov. 20-22, 2015.

[32] Sehnke, F. , Zhao, T. . Baseline-Free Sampling in Parameter Exploring Policy Gradients: Super Symmetric PGPE[J]. Springer Series in Bio-/Neuro informatics, Artificial Neural Networks, 2015:271-293.

第 3 章　策略梯度估计的分析与改进

策略梯度方法是一种有用的无模型强化学习（Model-free Reinforcement Learning）方法，但它容易受到梯度估计不稳定性的影响。在本章中，我们介绍基于参数探索的策略梯度方法，并分析和改进策略梯度方法的稳定性。我们首先证明了在弱假设下，基于参数探索的策略梯度算法（Policy Gradients with Parameter-based Exploration，PGPE）的梯度估计方差小于传统策略梯度算法。然后我们推导出 PGPE 算法的最优基线，从而进一步减小方差。我们还从理论上证明，在梯度估计方差方面，具有最优基线的 PGPE 算法比具有最优基线的 REINFORCE 算法更优。最后，通过实验验证了改进后的 PGPE 算法的有效性。

3.1　研究背景

强化学习的目标是通过与未知环境的交互作用，找到回报（即累积折扣奖励）最大化的最优决策策略[1]。无模型强化学习是一个灵活的框架，在这个框架中，无须通过环境的显式建模就可以直接学习决策策略。基于值函数的策略学习算法和策略搜索算法是无模型强化学习中比较流行的两种形式。

在基于值函数的策略学习算法中[2]，首先对值函数进行估计，然后根据学习到的值函数来确定策略。策略迭代在许多实际应用中都表现得很好，特别是在具有离散状态和动作的问题上[3][4][5]。虽然策略迭代可以很自然地通过函数逼近来处理连续状态空间问题[6]，但是由于值函数的极度非凸性，难以在每一个时间步骤中都通过最大化值函数来选择动作。此外，由于策略是通过值函数间接确定的，因此，即使极小的值函数误差也可能导致不恰当的策略[7][8]。策略迭代的另一个限制是，特别是在物理控制任务中，控制策略在每次迭代中可能会有很大的变化，导致物理系统的严重不稳定，因此难以应用到实际的智能控制系统中。

策略搜索算法是另一种无模型强化学习方法，它可以克服基于值函数的策略学习算法的限制[9-11]。在策略搜索算法中，直接学习控制策略，使得回报最大化，例如，通过传统策略梯度算法（REINFORCE 算法）[9]、期望最大化的策略搜索方法[10]和自然策略梯度方法[11]。其中，REINFORCE 算法在物理控制任务中使用广泛，因为策略是逐渐变化的，从而确保了物理系统的稳定性。

然而，由于 REINFORCE 算法在估计梯度时具有较大的方差，因此其收敛速度较慢[12-14]。减去最优基线可以在一定程度上缓解这一问题[15][16]，但梯度估计的方差仍然较大。此外，该算法对初始策略的选择极为敏感，在实践中不易得到恰当的初始化策略。

为了解决梯度估计方差过大的实质性问题，Sehnke 等人提出了一种新的策略梯度方法，称为基于参数探索的策略梯度（Policy Gradients with Parameter-based Exploration，PGPE）算法[14]。在 PGPE 算法中，通过探索策略参数分布函数的方式大大减少了决策过程中的随机扰动，即从策略参数的先验概率分布中抽取策略参数，然后确定地选择动作。这种结构从根本上解决了 REINFORCE 算法中梯度估计方差大的问题，并有助于缓解初始策略选择的问题[17]。此外，通过减去移动平均基线，可以进一步减小梯度估计的方差。PGPE 算法为连续动作空间问题得到可靠稳定的策略提供了保证，其实用性已通过机器人控制等大量仿真实验进行了验证[14]。

本章的目标是在理论上支持 PGPE 算法的有效性，并进一步提高其性能。更具体地说，我们首先给出了 REINFORCE 算法和 PGPE 算法的梯度估计的界限。在弱假设条件下，我们证明了 PGPE 算法的梯度估计比 REINFORCE 算法的梯度估计具有更小的方差。然后，我们证明了原始 PGPE 算法中采用的移动平均基线[14]具有过量方差；按照 Weaver 和 Tao（2001）[15]以及 Greensmith 等人（2004）[16]的思路，我们给出了使 PGPE 算法方差最小的最优基线，并从理论上进一步证明，在梯度估计方差方面，具有最优基线的 PGPE 算法比具有最优基线的 REINFORCE 算法更优。最后通过实验验证了改进后的 PGPE 算法的有效性。

3.2 基于参数探索的策略梯度算法（PGPE 算法）

在 REINFORCE 算法中，策略梯度估计方差大的原因之一是策略的随机性，随机策略使得在每个时间步上都要随机采取一个动作，使得在计算策略梯度时经验估计方差很大。为减少策略随机性对策略梯度估计的影响，Sehnke 等人提出了 PGPE 算法，PGPE 算法采用线性确定性策略[14]：

$$\pi(a \mid s,\boldsymbol{\theta}) = \delta(a = \boldsymbol{\theta}^{\mathrm{T}}\boldsymbol{\varphi}(s))$$

其中，$\delta(\cdot)$ 为狄拉克函数，$\boldsymbol{\varphi}(s)$ 是基函数向量，T 为矩阵转置，$\boldsymbol{\theta}$ 为策略参数。PGPE 算法的随机性来自于策略参数，即通过策略参数的先验分布 $p(\boldsymbol{\theta} \mid \boldsymbol{\rho})$ 引入随机性，这里 $\boldsymbol{\rho}$ 为超参数，用于控制策略参数的分布。由此可见，在 PGPE 算法中，在不考虑环境中状态转移带来的随机扰动下，每条路径样本 h 的产生仅由一个采样的策略参数 $\boldsymbol{\theta}$ 所决定。相对于 REINFORCE 算法，PGPE 算法大大减少了随机扰动，从而使得利用该方法估计的策略梯度方差也会随之减小。

在 PGPE 算法下，目标函数，即关于超参数 $\boldsymbol{\rho}$ 的期望回报可表示为：

$$J(\boldsymbol{\rho}) = \iint p(h \mid \boldsymbol{\theta}) p(\boldsymbol{\theta} \mid \boldsymbol{\rho}) R(h) \mathrm{d}h \mathrm{d}\boldsymbol{\theta}$$

与 REINFORCE 算法一样，通过梯度上升进行超参数的更新：$\boldsymbol{\rho}' = \boldsymbol{\rho} + \alpha \nabla J(\boldsymbol{\rho})$，其中 α 为学习率，是一个很小的正数。可见，问题的核心在于对目标函数的求导。现在，对 $J(\boldsymbol{\rho})$ 求导，可得：

$$\begin{aligned} \nabla_{\boldsymbol{\rho}} J(\boldsymbol{\rho}) &= \iint p(h \mid \boldsymbol{\theta}) \nabla_{\boldsymbol{\rho}} p(\boldsymbol{\theta} \mid \boldsymbol{\rho}) R(h) \mathrm{d}h \mathrm{d}\boldsymbol{\theta} \\ &= \iint p(h \mid \boldsymbol{\theta}) p(\boldsymbol{\theta} \mid \boldsymbol{\rho}) \nabla_{\boldsymbol{\rho}} \log p(\boldsymbol{\theta} \mid \boldsymbol{\rho}) R(h) \mathrm{d}h \mathrm{d}\boldsymbol{\theta} \end{aligned}$$

由于路径的条件概率密度函数 $p(h \mid \boldsymbol{\theta})$ 未知，无法计算上式，我们首先收集样本，然后利用经验平均值去估计策略梯度。样本收集的过程如下：首先根据策略参数的分布 $p(\boldsymbol{\theta} \mid \boldsymbol{\rho})$ 采样 N 个策略参数 $\{\boldsymbol{\theta}_n\}_{n=1}^{N}$，然后利用策略参数生成对应的 N 条路径样本 $\{h_n\}_{n=1}^{N}$，将每次收集的样本记为 $\{(\boldsymbol{\theta}_n, h_n)\}_{n=1}^{N}$。PGPE 算法

中策略梯度的经验估计可表示为：

$$\nabla_\rho \hat{J}(\rho) = \frac{1}{N}\sum_{n=1}^{N} \nabla_\rho \log p(\theta^n \mid \rho) R(h^n) \tag{3-1}$$

PGPE 算法中策略参数 $\boldsymbol{\theta}$ 的先验分布为高斯分布，其由超参数 $\boldsymbol{\rho}$ 控制：$\boldsymbol{\rho} = (\boldsymbol{\eta}, \boldsymbol{\tau})$，其中 $\boldsymbol{\eta}$ 是均值，$\boldsymbol{\tau}$ 是标准差，$\boldsymbol{\theta}$ 的每一维度的分布可表示为:

$$p(\theta_i \mid \rho_i) = \frac{1}{\tau_i \sqrt{2\pi}} \exp\left(-\frac{(\theta_i - \eta_i)^2}{2\tau_i^2} \right)$$

为了得到关于超参数 ρ_i 的策略梯度估计，关键在于计算 $\log p(\theta_i \mid \rho_i)$ 关于 ρ_i 的梯度，其关于均值 η_i 与方差 τ_i 的导数的解析式如下：

$$\nabla_{\eta_i} \log p(\theta \mid \rho) = \frac{\theta_i - \eta_i}{\tau_i^2},\ \nabla_{\tau_i} \log p(\theta \mid \rho) = \frac{(\theta_i - \eta_i)^2 - \tau_i^2}{\tau_i^3}$$

由此，可得 PGPE 算法的策略梯度经验估计。

通过以上介绍，我们将 REINFORCE 算法与 PGPE 算法的采样过程进行对比，如图 3-1 所示，这里假设环境中的状态转移函数是确定性函数。通过比较发现，REINFORCE 算法是在每个时间步上通过随机策略采取动作而进行的探索。这样，随着时间步数的推移，随机扰动次数增加，使得策略梯度估计的方差也会增大。然而，PGPE 算法的探索是在路径开始时，首先从先验分布 $p(\boldsymbol{\theta} \mid \boldsymbol{\rho})$ 中得到策略参数，策略参数一旦确定后，路径也随之确定。因此，PGPE 算法只在整个过程的开始具有随机扰动，这样可以减小梯度估计的方差，从而得到更可靠的策略更新。

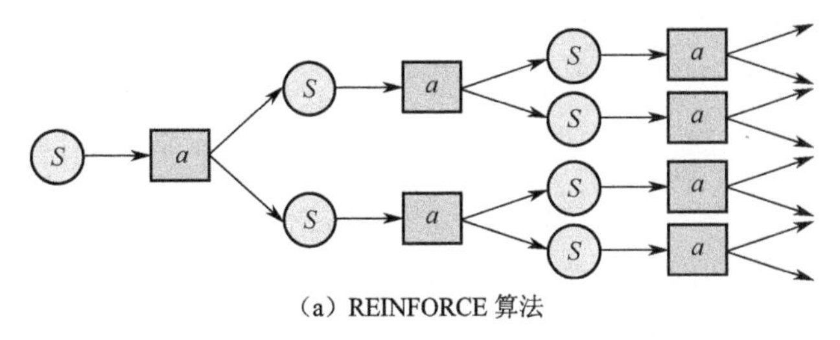

（a）REINFORCE 算法

图 3-1　REINFORCE 算法与 PGPE 算法的采样过程对比

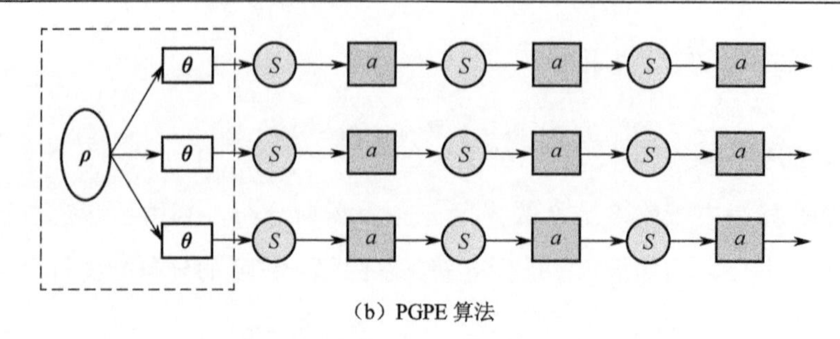

（b）PGPE 算法

图 3-1　REINFORCE 算法与 PGPE 算法的采样过程对比（续）

3.3　梯度估计方差分析

在本节中，我们从理论上研究利用 REINFORCE 算法和 PGPE 算法所产生的梯度估计方差。为简化理论分析，我们将策略中的基函数设定为 $\boldsymbol{\varphi}(s)=\boldsymbol{s}$。

对于多维向量的方差，我们将其定义为协方差矩阵的迹。也就是说，对于一个随机向量 $\boldsymbol{A}=(A_1,\cdots,A_l)^{\mathrm{T}}$，我们定义其方差为

$$\begin{aligned}\mathrm{Var}(\boldsymbol{A})&=\mathrm{tr}(\mathbb{E}[(\boldsymbol{A}-\mathbb{E}[\boldsymbol{A}])(\boldsymbol{A}-\mathbb{E}[\boldsymbol{A}])^{\mathrm{T}}])\\&=\sum_{m=1}^{l}\mathbb{E}[(A_m-\mathbb{E}[A_m])^2]\end{aligned}$$

其中 $\mathbb{E}$ 表示数学期望。

接下来，我们考虑以下假设的一个子集：

假设(A)：$r(s,a,s')\in[-\beta,\beta]$，$\beta>0$；

假设(B)：$r(s,a,s')\in[\alpha,\beta]$，$0<\alpha<\beta$；

假设(C)：对于 $\delta>0$，存在两个序列 $\{c_t\}_{t=1}^{T}$ 和 $\{d_t\}_{t=1}^{T}$，使得采样路径中状态的选择

$$\|s_t\|_2\geqslant c_t \text{ 和 } \|s_t\|_2\leqslant d_t$$

至少 $(1-\delta)^{1/2N}$ 的概率成立，其中 $\|.\|_2$ 表示 L2 范数。

注意，假设(B)强于假设(A)。设

$$L(T)=C_T\alpha^2-D_T\beta^2/(2\pi)$$

其中 $C_T=\sum_{t=1}^{T}c_t^2, D_T=\sum_{t=1}^{T}d_t^2$。另，设 $B=\sum_{i=1}^{l}\tau_i^{-2}$，其中 l 是状态 $\boldsymbol{s}$ 的维度。

首先，我们分析 PGPE 算法中梯度估计的方差：

定理 3.1：在假设(A)下，我们有以下上界：

$$\mathrm{Var}[\nabla_\eta \hat{J}(\rho)] \leqslant \frac{\beta^2(1-\gamma^T)^2 B}{N(1-\gamma)^2}$$

$$\mathrm{Var}[\nabla_\tau \hat{J}(\rho)] \leqslant \frac{2\beta^2(1-\gamma^T)^2 B}{N(1-\gamma)^2}$$

这个定理意味着 $\nabla_\eta \hat{J}(\rho)$ 的方差上界与瞬时奖励的平方上界 β^2、高斯协方差的逆的迹 B 和 $(1-\gamma^T)^2/(1-\gamma)^2$ 成正比，与样本量 N 成反比。$\nabla_\tau \hat{J}(\rho)$ 的方差上界是 $\nabla_\eta \hat{J}(\rho)$ 的两倍。当 T 趋于无穷时，$(1-\gamma^T)^2$ 收敛于 1。

接下来，我们分析 REINFORCE 算法中梯度估计的方差。

定理 3.2：在假设(B)和假设(C)下，方差的下界以至少 $1-\delta$ 的概率存在：

$$\mathrm{Var}[\nabla_\mu \hat{J}(\theta)] \geqslant \frac{(1-\gamma^T)^2}{N\sigma^2(1-\gamma)^2} L(T)$$

在假设(A)和假设(C)下，方差的上界以至少 $(1-\delta)^{1/2}$ 的概率成立：

$$\mathrm{Var}[\nabla_\mu \hat{J}(\theta)] \leqslant \frac{D_T(1-\gamma^T)^2}{N\sigma^2(1-\gamma)^2}$$

在假设(A)下，有

$$\mathrm{Var}[\nabla_\sigma \hat{J}(\theta)] \leqslant \frac{2T\beta^2(1-\gamma^T)^2}{N\sigma^2(1-\gamma)^2}$$

该定理表明 REINFORCE 算法的上界与 PGPE 算法相似，但相对于轨迹长度 T 单调递增。当 $L(T) > 0$，即 α 和 β 满足 $2\pi C_T \alpha^2 > D_T \beta^2$ 时，$\nabla_\mu \hat{J}(\theta)$ 的方差下界才有意义。关于 $\nabla_\sigma \hat{J}(\theta)$ 的方差下界的分析可作为未来工作。

最后，我们比较 REINFORCE 算法和 PGPE 算法中梯度估计的方差。

定理 3.3：在假设(B)和(C)下，我们还假设 $L(T) > 0$，且关于 T 单调递增。如果存在 T_0 使得 $L(T_0) \geqslant \beta^2 B \sigma^2$ 成立，那么对于所有的 $T > T_0$，至少有 $(1-\delta)$ 的概率使得

$$\mathrm{Var}[\nabla_\mu \hat{J}(\theta)] > \mathrm{Var}[\nabla_\eta \hat{J}(\rho)]$$

成立。

上述定理意味着，如果轨迹长度 T 足够大，则在梯度估计的方差角度，

PGPE 算法优于 REINFORCE 算法。这一理论结果将在一定程度上支持 PGPE 算法所取得的成功[14]。

3.4 基于最优基线的算法改进及分析

在本节中，我们给出一种减小 PGPE 算法中梯度估计方差的方法，并分析其理论性质。

3.4.1 最优基线的基本思想

梯度估计的方差可以通过在回报中减去基线 b 进行约减。对于 REINFORCE 算法和 PGPE 算法，修正的策略梯度经验估计由下式给定：

$$\nabla_\theta \hat{J}^b(\theta) = \frac{1}{N}\sum_{n=1}^{N}(R(h^n)-b)\sum_{t=1}^{T}\nabla_\theta \log \pi(a_t^n \mid s_t^n, \theta)$$

$$\nabla_\rho \hat{J}^b(\rho) = \frac{1}{N}\sum_{n=1}^{N}(R(h^n)-b)\nabla_\rho \log p(\theta^n \mid \rho)$$

传统方法中通常以过去经验的指数移动平均数作为自适应基线[9]，即：

$$b(n) = \xi R(h^{n-1}) + (1-\xi)b(n-1)$$

其中 $0 < \xi \leqslant 1$ 。基于此，基于移动平均基线的经验梯度估计被应用于 REINFORCE 算法[9]和 PGPE 算法[14]。

移动平均基线有助于减小梯度估计的方差。然而，文献[15]和[16]表明，移动平均基线在梯度估计方差约减中并不是最优的；根据定义，最优基线是使得梯度估计方差最小化所对应的基线。根据这一理念，REINFORCE 算法的最优基线如下[13]：

$$b^*_{\text{REINFORCE}} = \arg\min_b \mathrm{Var}[\nabla_\theta \hat{J}^b(\theta)]$$

$$= \frac{\mathbb{E}\left[R(h)\left\|\sum_{t=1}^{T}\nabla_\theta \log \pi(a_t \mid s_t, \theta)\right\|^2\right]}{\mathbb{E}\left[\left\|\sum_{t=1}^{T}\nabla_\theta \log \pi(a_t \mid s_t, \theta)\right\|^2\right]}$$

但是，到目前为止，只有移动平均基线被引入到 PGPE 算法中[14]，这是次优的。下面，我们推导 PGPE 算法的最优基线，并研究其理论性质。

3.4.2 PGPE 算法的最优基线

设 b^*_{PGPE} 为使方差最小化的 PGPE 算法的最优基线：

$$b^*_{\mathrm{PGPE}} = \arg\min_b \mathrm{Var}[\nabla_\rho \hat{J}^b(\rho)]$$

接下来，下面的定理给出了 PGPE 算法的最优基线。

定理 3.4：PGPE 算法的最优基线为

$$b^*_{\mathrm{PGPE}} = \frac{\mathbb{E}[R(h)\|\nabla_\rho \log p(\theta\,|\,\rho)\|^2]}{\mathbb{E}[\|\nabla_\rho \log p(\theta\,|\,\rho)\|^2]}$$

因非最优基线 b 而带来的过量方差为：

$$\mathrm{Var}[\nabla_\rho \hat{J}^b(\rho)] - \mathrm{Var}[\nabla_\rho \hat{J}^{b^*_{\mathrm{PGPE}}}(\rho)] = \frac{(b-b^*_{\mathrm{PGPE}})^2}{N}\mathbb{E}[\|\nabla_\rho \log p(\theta|\rho)\|^2]$$

上述定理给出了 PGPE 算法的最优基线的解析表达式。当回报 $R(h)$ 和特征有效值的平方范数 $\|\nabla_\rho \log p(\theta\,|\,\rho)\|^2$ 相互独立时，最优基线降为期望回报 $\mathbb{E}\left[R(h)\right]$。但是，最优基线通常不同于回报的期望。上述定理还表明，因非最优基线造成的过量方差与基线差的平方 $(b-b^*_{\mathrm{PGPE}})^2$ 和特征有效值的平方范数的期望 $\mathbb{E}[\|\nabla_\rho \log p(\theta\,|\,\rho)\|^2]$ 成正比，与样本量 N 成反比。

接下来，我们分析最优基线对 PGPE 算法中关于参数 $\boldsymbol{\eta}$ 的梯度估计方差的贡献。

定理 3.5：如果 $r(s,a,s')\geqslant\alpha>0$，我们得到下界：

$$\mathrm{Var}[\nabla_\eta \hat{J}(\rho)] - \mathrm{Var}[\nabla_\eta \hat{J}^{b^*_{\mathrm{PGPE}}}(\rho)] \geqslant \frac{\alpha^2(1-\gamma^T)^2 B}{N(1-\gamma)^2}$$

在假设(A)下，我们有上界：

$$\mathrm{Var}[\nabla_\eta \hat{J}(\rho)] - \mathrm{Var}[\nabla_\eta \hat{J}^{b^*_{\mathrm{PGPE}}}(\rho)] \leqslant \frac{\beta^2(1-\gamma^T)^2 B}{N(1-\gamma)^2}$$

该定理表明，因非最优基线造成的过量方差的上下限与瞬时奖励平方的界限 α^2 和 β^2、高斯协方差矩阵的逆的迹 B，以及 $(1-\gamma^T)^2/(1-\gamma)^2$ 成正比，与样本量 N 成反比。当 T 趋于无穷大时，$(1-\gamma^T)^2$ 将收敛到 1。

基于上述结果，我们分析最优基线对 REINFORCE 算法的贡献，并将其与

PGPE 算法进行比较。结果表明[15][16]，REINFORCE 算法中因非最优基线 b 造成的过量方差可由下式给定：

$$\begin{aligned}&\mathrm{Var}[\nabla_\theta \hat{J}^b(\theta)]-\mathrm{Var}[\nabla_\theta \hat{J}^{b^*_{\text{REINFORCE}}}(\theta)]\\&=\frac{(b-b^*_{\text{REINFORCE}})^2}{N}\mathbb{E}\left[\left\|\sum_{t=1}^{T}\nabla_\theta \log\pi(a_t\mid s_t,\theta)\right\|^2\right]\end{aligned}$$

基于此，我们得到以下定理。

定理 3.6：在假设(B)和(C)下，至少以 $(1-\delta)$ 的概率得到下式：

$$\frac{C_T\alpha^2(1-\gamma^T)^2}{N\sigma^2(1-\gamma)^2}\leqslant \mathrm{Var}[\nabla_\mu \hat{J}(\theta)]-\mathrm{Var}[\nabla_\mu \hat{J}^{b^*_{\text{REINFORCE}}}(\theta)]\leqslant\frac{\beta^2(1-\gamma^T)^2D_T}{N\sigma^2(1-\gamma)^2}$$

上述定理表明，因非最优基线 b 带来的过量方差的上下界关于轨迹长度 T 单调递增。

在梯度估计方差的减小量方面，定理 3.5 和定理 3.6 表明，REINFORCE 算法的最优基线比 PGPE 算法的最优基线贡献更大。

最后，在定理 3.1、定理 3.5、定理 3.2 和定理 3.6 的基础上，我们得到了如下定理。

定理 3.7：在假设(B)和(C)下，我们有

$$\mathrm{Var}[\nabla_\eta \hat{J}^{b^*_{\text{PGPE}}}(\rho)]\leqslant\frac{(1-\gamma^T)^2}{N(1-\gamma)^2}(\beta^2-\alpha^2)B$$

$$\mathrm{Var}[\nabla_\mu \hat{J}^{b^*_{\text{REINFORCE}}}(\theta)]\leqslant\frac{(1-\gamma^T)^2}{N\sigma^2(1-\gamma)^2}(\beta^2D_T-\alpha^2C_T)$$

其中，第二个不等式以至少 $(1-\delta)$ 的概率成立。

该定理表明，具有最优基线的 REINFORCE 算法的梯度估计方差的上界仍随轨迹长度 T 单调增大。另一方面，由于 $(1-\gamma^T)^2\leqslant 1$，具有最优基线的 PGPE 算法中梯度估计的方差的上限可以进一步约简为；

$$\mathrm{Var}[\nabla_\eta \hat{J}^{b^*_{\text{PGPE}}}(\rho)]\leqslant\frac{(\beta^2-\alpha^2)B}{N(1-\gamma)^2}$$

上述上界与 T 无关。因此，当轨迹长度 T 较大时，具有最优基线的 REINFORCE 算法的梯度估计值的方差可能明显大于具有最优基线的 PGPE 算法的梯度估计的方差。

3.5　实验结果

在本节中，我们将通过实验探索所改进的算法，即具有最优基线的 PGPE 算法的有效性。

3.5.1　示例

令状态空间 S 为一维连续的，并且从标准正态分布中随机选择初始状态。动作空间 A 也被设置为一维且连续的。环境的动态转移设置为：

$$s_{t+1} = s_t + a_t + \varepsilon$$

其中 $\varepsilon \sim N(0, 0.5^2)$ 是随机噪声，$N(\mu, \sigma^2)$ 表示均值为 μ 和方差为 σ^2 的正态分布。瞬时奖励被定义为：

$$r = \exp(-s^2/2 - a^2/2) + 1$$

它以 $1 < r \leqslant 2$ 为界。

注：在 PGPE 算法中学习的参数为 $\rho = (\mu, \tau)$，REINFORCE 算法中学习的参数为 $\theta = (\mu, \sigma)$。

1）方差和偏差

首先，我们对比下列算法的梯度估计的方差及偏差：

（1）REINFORCE 算法：没有任何基线的 REINFORCE 算法；

（2）REINFORCE-OB 算法：具有最优基线的 REINFORCE 算法；

（3）PGPE 算法：没有任何基线的 PGPE 算法；

（4）PGPE-MB 算法：具有移动平均基线的 PGPE 算法；

（5）PGPE-OB 算法：具有最优基线的 PGPE 算法；

为了公平比较，所有这些方法都使用相同的参数设置：高斯分布的均值和标准差设置为 $\mu, \eta = -1.5$ 和 $\sigma, \tau = 1$，路径的长度设置为 $T = 10$ 或 50。折扣因子设置为 $\gamma = 0.9$，路径样本的数量设置为 $N = 100$。

表 3-1 总结了 100 次实验的梯度估计的方差，表明 REINFORCE 算法的方差总体上大于 PGPE 算法。REINFORCE 算法与 PGPE 算法的一个显著差异是 REINFORCE 算法的方差随 T 的增大而显著增大，而 PGPE 算法的方差受 T 的影响不大。这与我们在 3.2 节中的理论分析结果吻合。结果还表明，PGPE-OB 算法的方差远小于 PGPE-MB 算法。REINFORCE-OB 算法对降低方差有很大贡献，特别是当 T 较大时，这与我们的理论分析也一致。但是，PGPE-OB 算法仍然提供比 REINFORCE-OB 算法小得多的梯度估计方差。

我们还研究了每种算法的梯度估计的偏差。在这里，我们将用 $N=1000$ 估计的梯度视为真实梯度，并计算各比较算法的梯度估计的偏差。结果也包含在表 3-1 中，表明引入基线不会增加偏差。相反，它倾向于减小偏差。

表 3-1 示例数值的梯度估计的方差及偏差

算法	路径长度 T=10			
	方差		偏差	
	μ, η	σ, τ	μ, η	σ, τ
REINFORCE	13.2570	26.9173	−0.3102	−1.5098
REINFORCE-OB	0.0914	0.1203	0.0672	0.1286
PGPE	0.9707	1.6855	−0.0691	0.1319
PGPE-MB	0.2127	0.3238	0.0828	−0.1295
PGPE-OB	0.0372	0.0685	−0.0164	0.0512
算法	路径长度 T=50			
	方差		偏差	
	μ, η	σ, τ	μ, η	σ, τ
REINFORCE	188.3860	278.3095	−1.8126	−5.1747
REINFORCE-OB	0.5454	0.8996	−0.2988	−0.2008
PGPE	1.6572	3.3720	−0.1048	−0.3293
PGPE-MB	0.4123	0.8332	0.0925	−0.2556
PGPE-OB	0.0850	0.1815	0.0480	−0.0779

图 3-2 显示了对于均值参数 μ 和 η，以 $\log_{10}$ 为单位的策略梯度估计的方差，关于折扣因子 γ 的函数。结果表明，当折扣因子 γ 接近 1 时，方差增加。这完全符合 3.2 节中的理论分析。在比较的所有算法中，PGPE-OB 算法的总体方差最小。

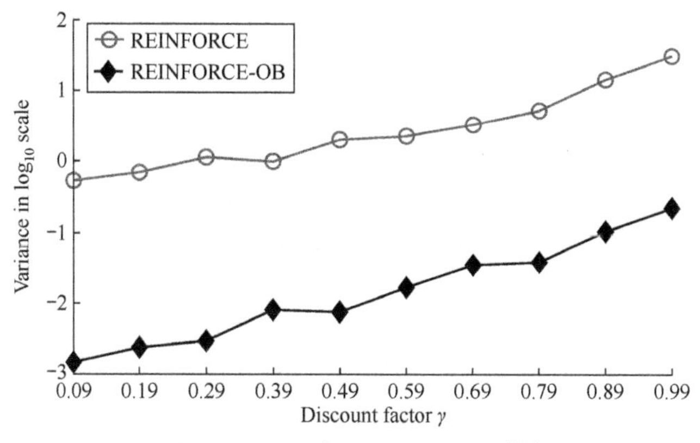

（a）REINFORCE 与 REINFORCE-OB 算法

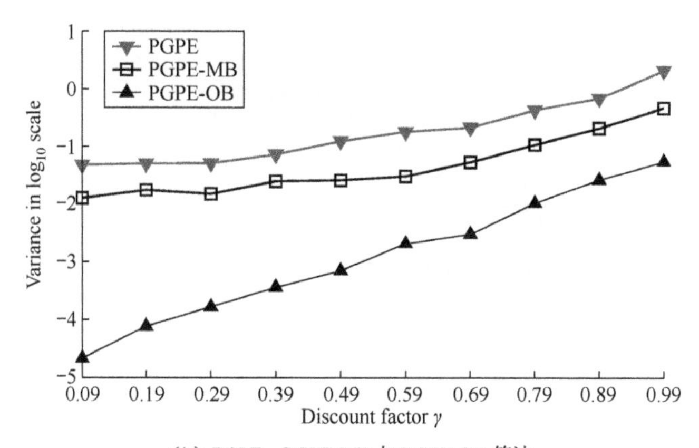

（b）PGPE、PGPE-MB 与 PGPE-OB 算法

图 3-2　梯度估计方差与折扣因子的关系

2）参数更新过程中的方差和路径

接下来，我们观察学习参数在迭代过程中被更新时梯度估计的方差。在这个实验中，设置$T=20$，方差通过 50 次运行得到的策略梯度值进行计算。在所有对比方法中，设置$N=10$，参数在 50 次迭代中进行更新。如果标准差参数 σ 在策略更新过程中成为负值，则将其设置为 0.05。为了观测梯度估计方差的统计特性，我们将上述实验重复 20 次，从$[-3.0,-0.1]$中随机选择初始均值参数，并研究 20 次实验中关于均值参数 μ和 η 的梯度估计的方差的平均值，结果如图 3-3 所示。

图 3-3（a）比较了有/无基线的 REINFORCE 算法的方差，而图 3-3（b）

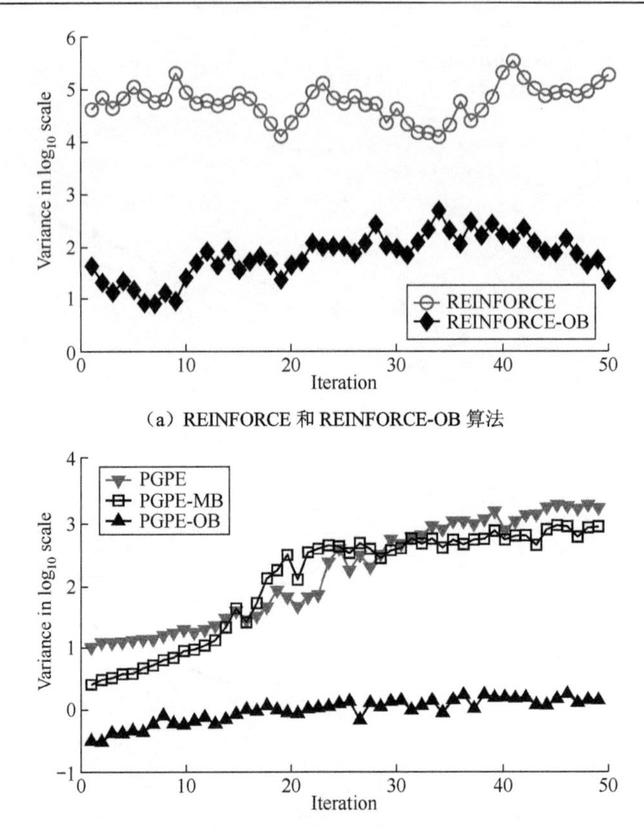

（a）REINFORCE 和 REINFORCE-OB 算法

（b）PGPE、PGPE-MB 和 PGPE-OB 算法

图 3-3　参数更新过程中的梯度估计的方差

比较了有/无基线的 PGPE 算法的方差。这些结果表明，引入基线对参数更新过程中减小梯度估计方差有很大帮助。总体而言，就梯度估计的方差而言，PGPE-OB 算法与其他算法相比具有优势。

接下来，我们研究学习参数在 50 次迭代中的变化。我们设置 $N=10$ 和 $T=10$，并将初始均值参数设置为 $\eta=-1.6$、-0.8 或 -0.1，将初始标准差参数设置为 $\tau=1$。图 3-4 描绘了期望回报的轮廓，并说明了 PGPE-MB 算法和 PGPE-OB 算法在迭代过程中学习参数的变化。在图 3-4 中，最优值位于中间底部。图 3-4（a）表明 PGPE-MB 算法的更新是不稳定的，即使经过 50 次迭代，这三条路径也不会收敛。另外，图 3-4（b）表明 PGPE-OB 算法给出了更可靠的更新方向，三条路径迅速收敛到最大值点。

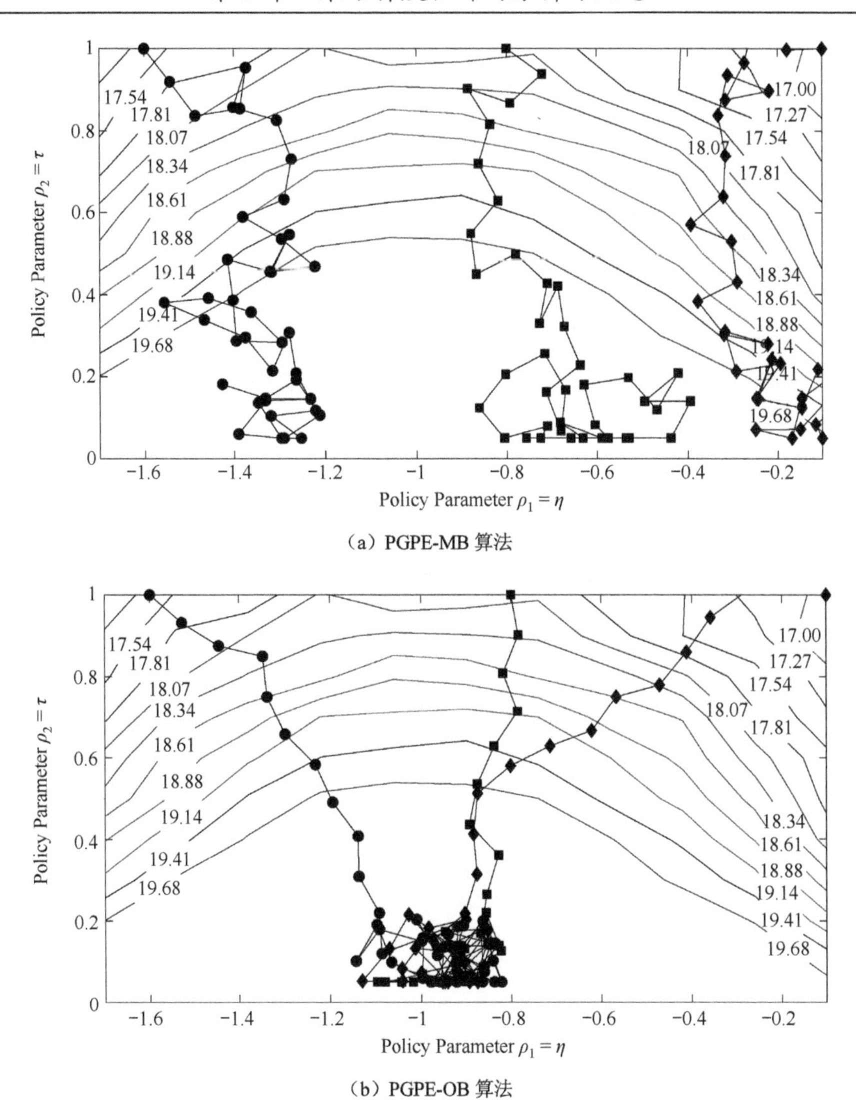

（a）PGPE-MB 算法

（b）PGPE-OB 算法

图 3-4　迭代过程中学习参数的变化

3）学习策略的性能

最后，我们评估每种算法所得策略的性能。路径长度固定为 T=20，参数更新迭代次数设置为 50 次。我们研究了在不同初始策略下，20 次回报的平均值关于路径样本数 N 的关系。图 3-5（a）显示了从[−1.6, −0.1]中随机选择初始均值参数时的结果，该参数往往表现良好。图中结果显示，PGPE-OB 算法表现最好，尤其是当 $N<5$ 时；然后 REINFORCE-OB 算法以小幅度落差紧随其后。PGPE-MB 算法和 PGPE 算法也表现得相当好，尽管它们由于略大的方差而稍显不稳定。REINFORCE 算法是高度不稳定的，这是由梯度估计的巨大方差造成的（再次参见图 3-3）。

图 3-5（b）描述了当从$[-3.0,-0.1]$中随机选择初始均值参数时的结果，这往往会导致较差的性能。在这种设置下，比较算法之间的差异比具有良好初始参数的情况更为显著。总体而言，REINFORCE 算法的性能较差，甚至 REINFORCE-OB 算法仅与 PGPE 算法基本持平。这意味着 REINFORCE 算法对初始参数的选择非常敏感。在 PGPE 算法中，PGPE-OB 算法效果很好，并且收敛很快。

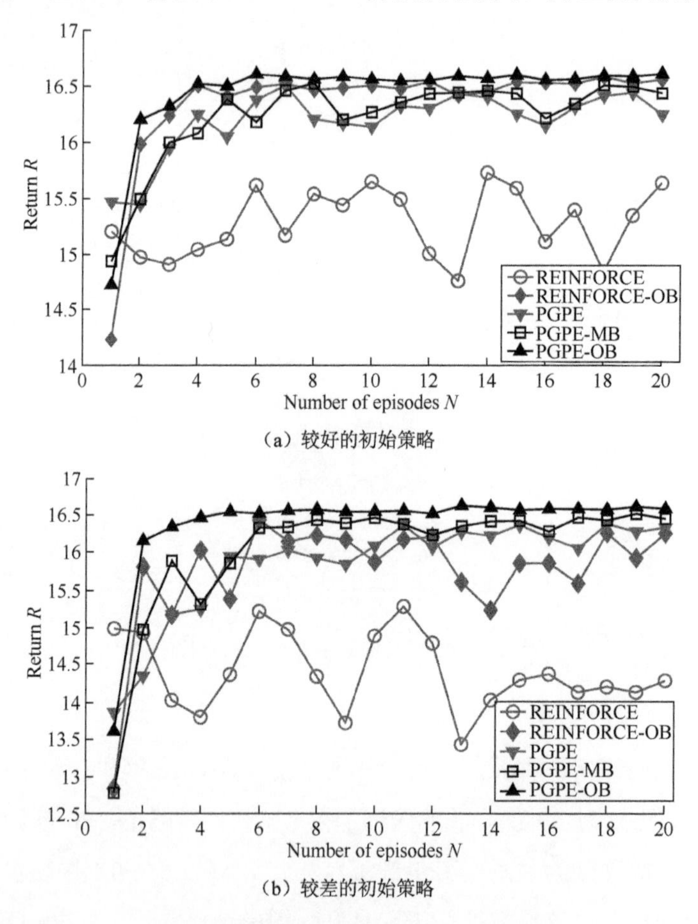

（a）较好的初始策略

（b）较差的初始策略

图 3-5　平均回报关于样本个数 N 的函数

3.5.2 倒立摆平衡问题

本节我们评估了所提改进的方法在更复杂的倒立摆平衡问题中的性能[18]。倒立摆平衡问题中一根摆杆悬挂在推车的顶部，目的是通过适当地移动推车使杆子向上摆动，并尽量使摆杆保持在顶部，其示意图如图 3-6 所示。

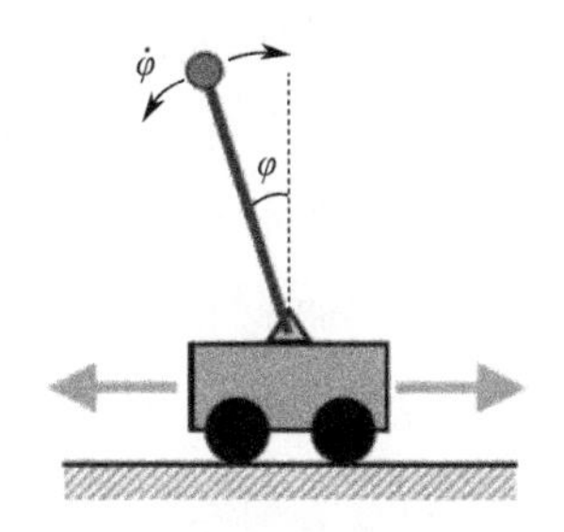

图 3-6 倒立摆平衡问题示意图

状态空间 S 是二维连续的，由摆杆的角 $\phi \in [0,2\pi]$ 和角速度 $\dot{\phi} \in [-3\pi,3\pi]$ 组成。动作空间 A 是一维的并且连续的，对应于施加在小车上的力。注意，我们不能直接控制摆杆，只能通过移动小车来间接控制。对于 REINFORCE 算法，我们使用高斯策略模型；对于 PGPE 算法，我们使用线性策略模型，其中状态 $\boldsymbol{s}$ 通过基函数向量非线性转换为特征空间。

我们使用 20 个标准差 $\sigma = 0.5$ 的高斯核作为基函数，其中核中心分布在以下网格点上：

$$\{0,\pi/2,\pi,3\pi/2\} \times \{-3\pi,-3\pi/2,0,3\pi/2,3\pi\}$$

对于摆杆的位置，我们使用极坐标系，其中 $\phi = 0$ 和 $\phi = 2\pi$ 被视为相同。也就是说，对于第 i 个高斯中心 $(c_i,\dot{c}_i)$，基函数 $\varphi_i(s)$ 由

$$\varphi_i(s) = \exp\left(-\frac{((\cos(\phi)-\cos(c_i))^2 + ((\sin(\phi)-\sin(c_i))^2)/4 + (\dot{\phi}-\dot{c}_i)^2/(6\pi)^2}{2\sigma^2}\right)$$

给出。摆杆的动力学，即角度和角速度的更新规则，由

$$\phi_{t+1} = \phi_t + \dot{\phi}_{t+1}\Delta t$$

$$\dot{\phi}_{t+1} = \dot{\phi}_t + \frac{9.8\sin(\phi_t) - \alpha wl\dot{\phi}_t^2\sin(2\phi_t)/2 + \alpha\cos(\phi_t)a_t}{4l/3 - \alpha wl\cos^2(\phi_t)}\Delta t$$

给出，其中 $\alpha = 1/W + w$ 和 a_t 是在 t 时刻采取的行动。我们将问题参数设置

为：推车的质量 $W=8\text{kg}$，摆杆的质量 $w=2\text{kg}$，摆杆的长度 $l=0.5\text{m}$。我们将位置和速度更新的时间步长 Δt 设置为 0.01s，将动作选择设置为 0.1s。奖励函数定义为

$$r(s_t,a_t,s_{t+1})=\cos(\phi_{t+1})$$

也就是说，摆杆越高，我们可以获得的奖励就越多。随机选择初始策略，并将初始状态概率分布设置为均匀分布。该智能体收集了 $N=100$ 个轨迹长度为 $T=40$ 的路径样本，并且折扣因子设置为 $\gamma=0.9$。

作为策略更新迭代的函数，我们研究了 10 次实验的平均回报。每次实验的回报是通过计算超过 100 个测试路径样本（不用于策略学习）得到的。实验结果如图 3-7 所示，表明 REINFORCE 算法和 REINFORCE-OB 算法的改进较缓慢，并且所有 PGPE 算法总体上都优于 REINFORCE 算法。提出的 PGPE-OB 算法的收敛速度比 PGPE-MB 算法和 PGPE 算法快。

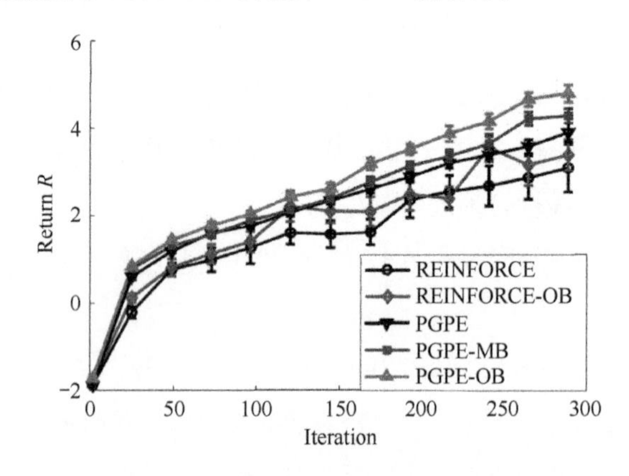

图 3-7　策略迭代过程中的平均回报

3.6　总结与讨论

在本章中，我们分析并改进了基于参数探索的策略梯度算法。我们从理论上证明，在弱假设条件下，PGPE 算法比 REINFORCE 算法提供了更稳定的梯度估计。我们还得出了 PGPE 算法的最优基线，并且从理论上证明，就梯度估

计的方差而言，具有最优基线的 PGPE 算法比具有最优基线的 REINFORCE 算法更可取。最后，通过实验证明了 PGPE 算法在最优基线下的有效性。

虽然我们主要采用基于梯度的方法来优化策略参数的分布，但也有许多其他的启发式方法，如遗传算法（Genetic Algorithm，GAs）、分布估计算法（Estimation of Distribution Algorithm，EDA）和爬山算法（Hill Climbing，HC）。遗传算法是一种受变异、选择和交叉启发的启发式方法[19]。在遗传算法中，首先构造随机生成个体的种群。然后，在每次迭代中，根据适应度函数从当前种群中选择多个个体，通过所选择的突变个体之间的交叉形成新的种群。GAs 可以分别以个体和适应度函数作为策略参数和奖励函数，用于优化策略参数。

EDA 是 GAs 的产物[20]。在 EDA 中，种群的概率分布是从选择的个体中估计出来的，新的种群则是从分布中抽取的。由于设计交叉和突变的难度降低，EDA 将更加稳定。与 GAs 类似，EDA 可以用于优化策略参数。但是，估计策略参数的高维分布极具挑战性。

HC 是一种优化技术，属于局部搜索方法的范畴[21]。HC 通过比较当前参数的所有相邻的值，迭代地找到一个更好的参数。HC 原则上可以用于优化策略参数，但是比较所有相邻参数的返回值在计算上并不高效。

这些启发式方法将是解决强化学习问题的有效途径。因此，未来的一个重要工作是将元启发式与基于梯度的方法结合起来。

PGPE 算法的低方差是通过考虑确定性策略和从先验分布中提取策略参数引入随机性而得到的。事实证明，这种基于路径的模式有助于减小策略梯度估计的方差。但是，PGPE 算法也有局限性。例如，在 PGPE 算法中使用有限视野是必要的，因为梯度估计需要完整的路径。因此，处理无限视界的情况并不简单。另一个问题是对部分可观察的情况的扩展。众所周知，对于每一个有限马尔可夫决策问题（Markov Decision Problem，MDP），存在一个确定的最优策略[22]。然而，在部分可观测 MDP（Partially-Observable MDP，POMDP）中，最优平稳随机策略可以任意优于最优平稳确定性策略[23]。因此，PGPE 算法中的确定性策略在将其扩展到 POMDP 框架时可能会受到限制，将当前的算法扩展到考虑随机策略是容易实现的。但是，这可能导致方差增加，从而减慢收敛速度。

在回合制任务的策略梯度算法中，对于所有的路径，无偏策略梯度估计的最优基线由单个标量给出[13]。然而，在连续型任务的策略梯度算法中，最优基线可以依赖于当前状态[16][24][25]。因此，如果已知基线的良好参数化，例如，以广义线性形式 $b(s_t)=\boldsymbol{w}^{\mathrm{T}}\varphi(s_t)$，则这可以显著改善梯度估计过程。但是，在机器人技术中，基函数的选择是困难的，而且常常是不切实际的[13]。另一方面，值得注意的是，在回合制任务的策略梯度方法中，如果将值函数作为基线函数[25][26]，$Q(s,a)-V(s)$ 将成为优势函数[27]，其中 $Q(s,a)$ 是动作值函数，$V(s)$ 是值函数。

参考文献

[1] Sutton, R. S. , Barto, G. A. . Reinforcement Learning: An Introduction[M]. Cambridge, MA, USA: MIT Press, 1998.

[2] Littman, M. L. . Reinforcement Learning: A Survey[J]. Journal of Artificial Intelligence Research, 1996, 4:237–285.

[3] Tesauro, G. . TD-Gammon, a Self-Teaching Backgammon Program, Achieves Master-Level Play[J]. Neural Computation, 1944, 6(2):215-219.

[4] Williams, J. D. , Young, S. . Partially Observable Markov Decision Processes for Spoken Dialog Systems[J]. Computer Speech and Language, 2007, 21(2):393-422.

[5] Abe, N. , Kowalczyk, M. , Domick, M. , et al. Optimizing Debt Collections Using Constrained Reinforcement Learning[C]. 16th ACM SGKDD Conference on Knowledge Discovery and Data Mining, 2010:75–84.

[6] Lagoudakis, M. G. , Parr, R. . Least-Squares Policy Iteration[J]. Journal of Machine Learning Research, 2003, 4(6):1107-1149.

[7] Weaver, L. , Baxter, J. . Reinforcement Learning From State and Temporal Differences[J]. Technical Report, 2000.

[8] Baxter, J. , Bartlett, P. L. , Weaver, L. . Experiments with Infinite-Horizon, Policy-Gradient Estimation[J]. Artificial Intelligence Research, 2001, 15(1):351-381.

[9] Williams, R. J. . Simple Statistical Gradient-following Algorithms for Connectionist Reinforcement Learning[J]. Machine Learning, 1992, 8(3-4):229-256.

[10] Dayan, P. , Hinton, G. . Using Expectation-Maximization for Reinforcement Learning[J]. Neural Computation, 2014, 9(2):271-278.

[11] Kakade, S. . A Natural Policy Gradient[C]. T. G. Dietterich, S. Becker, Z. Ghahramani. Advances in Neural Information Processing Systems 14, Cambridge, MA: MIT Press, 2002:1531–1538.

[12] Marbach, P. , Tsitsiklis, J. N. . Approximate Gradient Methods in Policy-space Optimization of Markov Reward Processes[J]. Discrete Event Dynamic Systems, 2004, 13(1-2):111–148.

[13] Peters, J. , Schaal, S. . Policy Gradient Methods for Robotics[C]. In Proceedings of the IEEE/RSJ International Conferece on Inatelligent Robots and Systems, 2006:2219–2225.

[14] Sehnke, F. , Osendorfer, C. , Thomas Rückstie, et al. Parameter-exploring Policy Gradients[J]. Neural Networks, 2010, 23(4):551-559.

[15] Weaver, L. , Tao, N. . The Optimal Reward Baseline for Gradient-based Reinforcement Learning[C]. In Processings of the Seventeeth Conference on Uncertainty in Artificial Intelligence, 2001:538–545.

[16] Greensmith, E. , Bartlett, P. L. , and Baxter, J. . Variance Reduction Techniques for Gradient Estimates in Reinforcement Learning[J]. Journal of Machine Learning Research, 2004, 5:1471–1530.

[17] Thomas, Rückstieß, Frank, et al. Exploring Parameter Space in Reinforcement Learning[J]. Paladyn. Journal of Behavioral Robotics, 2010, 1(1):14–24.

[18] Bugeja, M. . Non-linear Swing-up and Stabilizing Control of an Inverted Pendulum System[C]. In Proceedings of IEEE Region 8 EUROCON, 2003, 2:437– 441.

[19] Goldberg, D. E. . Genetic Algorithm in Search, Optimization, and Machine Learning[M]. Addison-Wesley Pub. Co, 1989.

[20] Larra ñ aga, P. , Lozano, J. A. . Estimation of Distribution Algorithms a New Tool for Evolutionary Computation. Springer-Verlag, 2002.

[21] Koza, J. R. , Keane, M. A. , Streeter, M. J. , et al. Genetic Programming IV: Routine Human-Competitive Machine Intelligence[M]. Kluwer Academic Publishers, 2003.

[22] Ross, S. . Introduction to Stochastic Dynamic Programming[J]. Academic Press, 1983.

[23] Singh, S. P. , Jaakkola, T. , Michael, I. . Learning Without State-Estimation in Partially Observable Markovian Decision Processes[J]. Machine Learning Proceedings, 1994:284-292.

[24] T. Morimura, E. Uchibe, K. Doya. Natural actor-critic with baseline adjustment for variance reduction. Artificial Life and Robotics, 2008, 13:275–279.

[25] J. Peters, S. Schaal. Natural actor-critic. Neurocomputing, 2008, 71(7-9):1180–1190.

[26] R. S. Sutton, D. Mcallester, S. Singh, et al. Policy gradient methods for reinforcement learning with function approximation. In Advances in Neural Information Processing Systems 12, MIT Press, 1999:1057–1063.

[27] Baird, L. C. . Advantage updating[J]. Technical Report WL-TR-93-1146, Wright Lab., 1993.

第 4 章　基于重要性采样的参数探索策略梯度算法

策略梯度方法是一种灵活且强大的强化学习方法，特别是对于诸如机器人控制等连续动作的问题。在这种情况下，一个常见的挑战是如何在学习样本数量有限的情况下，减小策略梯度估计的方差，以实现可靠的策略更新。在本章中，我们结合以下三种思路，给出了一种高效的策略梯度方法：①基于参数探索的策略梯度算法是一种梯度估计方差较小的策略搜索方法；②可以采用一种允许以一致的方式重复使用先前收集的数据的重要性采样技术；③最优基线在保持梯度估计的无偏性的前提下，可以最小化梯度估计的方差。对于本章所提出的方法，我们对梯度估计的方差进行了理论分析，并通过大量实验证明了其有效性。

4.1　研究背景

强化学习的目标是通过与未知环境的交互，使智能体优化其决策策略[1]。策略搜索方法由于其直接用于策略学习而成为一种流行的方法[2]，特别是在连续状态和行为的高维问题中，策略搜索在实践中被证明是非常有效的[3-4]。

在策略搜索算法[5]中，基于梯度的方法在智能系统的控制任务中广泛应用，因为策略是逐渐变化的[6][7][4]，因此在获得局部最优策略之前，这些方法可以确保性能的稳定提高。然而，由于这些方法中的梯度估计往往具有较大的方差，因此它们可能受限于收敛缓慢的问题。

基于参数探索的策略梯度（Policy Gradients with Parameter based Exploration，PGPE）算法通过消除策略中不必要的随机性和在策略参数的先验分布引入有效的随机性来降低梯度估计的方差[8]。实验及理论表明，PGPE 算法比传统策略梯度算法更有前景[8-9]。然而，PGPE 算法仍然需要相对大量的样本来获得准确的梯度估计，而实际应用中收集大量的样本需要付出昂贵成本和时间，使其成为实际应用中的一个瓶颈问题。

为了解决上述问题，重要性采样技术[10]在异策略（off-policy）场景下非常有效，其中数据收集策略通常与当前目标策略不同[11]。重要性采样技术允许我们重复使用以前收集的数据对目标进行无偏估计，这些数据的收集策略与当前策略不同[11-12]。然而，直接使用重要性采样技术会显著增加梯度估计的方差，从而导致策略更新的不稳定[13-16]。为了缓解上述问题，通常使用重要权重的方差减小技术，如分解[17]、截断[16][18]、标准化[13-14]和平坦化[15]。然而，这些方法普遍存在偏差–方差的权衡问题，即以增加偏差为代价降低方差。

本章的目的是提出一种新的方法来系统地解决学习样本数量有限的情况下，策略梯度方法中的梯度估计方差大的问题。具体地，我们首先给出了 PGPE 算法在异策略场景下的实现，称为重要性加权 PGPE（IW-PGPE）算法，以实现样本重用的一致性估计。然后，我们推导出 IW-PGPE 算法的最优基线，以最小化重要性加权梯度估计的方差[19-20]。通过机器人仿真实验显示，本章提出的方法可以获得显著的性能改进。此外，本章还探索了将所提出的方法——IW-PGPE 算法与截断技术相结合以进一步提高高维问题的性能。

4.2 异策略场景下的 PGPE 算法

在现实世界的应用中，收集数据往往代价高昂。因此，我们希望尽可能减少训练样本数量。然而，当样本数较少时，由原始 PGPE 算法估计的策略梯度不够可靠。原始 PGPE 算法被归类为同策略（on-policy）算法[11]，其中从当前目标策略中收集的数据用于估计策略梯度。另一方面，异策略算法在数据收集策略和当前目标策略不同的情况下依然适用，且更灵活。在本节中，我们使用重要性权重将 PGPE 算法扩展到异策略场景，这允许我们以一致的方式重用先前收集的数据，并从理论上分析扩展方法的性质。

4.2.1　重要性加权 PGPE 算法

让我们考虑一个异策略场景，其中数据收集策略和当前目标策略通常不同。在 PGPE 算法中，我们考虑两个超参数，ρ 表示学习目标参数，ρ' 表示收集数据参数。我们用 D' 表示利用参数 ρ' 采集的数据样本：

$$D' = \{(\theta'_n, h'_n)\}_{n=1}^{N'} \underset{\sim}{\text{i.i.d}}\, p(h,\theta|\rho') = p(h\mid\theta)p(\theta\mid\rho')$$

如果我们直接使用数据 D'，利用式（3-1）来估计策略梯度，将产生不一致的问题：

$$\frac{1}{N'}\sum_{n=1}^{N'}\nabla_\rho \log p(\theta'_n|\rho)R(h'_n) \xrightarrow{N'\to\infty}\!\!\!\!\!\!\!\!\!\!\!\!\!\not\;\;\;\;\;\;\;\;\nabla_\rho \mathcal{J}(\rho)$$

我们称之为“非重要性加权 PGPE”（NIW-PGPE）算法。

重要性采样是一种系统解决这种分布不匹配问题的技术[21]。重要性采样的基本思想是从采样分布中提取与目标分布匹配的权重样本，该权重样本可提供一致性的梯度估计：

$$\nabla_\rho \hat{\mathcal{J}}_{\mathrm{IW}}(\rho) = \frac{1}{N'}\sum_{n=1}^{N'}\omega(\theta'_n)\nabla_\rho \log p(\theta'_n|\rho)R(h'_n) \xrightarrow{N'\to\infty} \nabla_\rho \mathcal{J}(\rho)$$

其中 $\omega(\theta) = \dfrac{p(\theta\mid\rho)}{p(\theta\mid\rho')}$ 被称为重要性权重。

重要性采样背后的一个猜测是，如果我们知道从采样分布中抽取的样本在目标分布中的重要性，我们可以通过重要性加权进行调整，我们称这种扩展算法为重要性加权 PGPE（Importance Weighted PGPE，IW-PGPE）算法。

对于多维向量，我们将其方差定义为协方差矩阵的迹。即对于随机向量 $\boldsymbol{A} = (A_1, A_2, \cdots, A_\ell)^{\mathrm{T}}$，我们有

$$\begin{aligned}\mathrm{Var}(\boldsymbol{A}) &= \mathrm{tr}(\mathbb{E}[(\boldsymbol{A}-\mathbb{E}[\boldsymbol{A}])(\boldsymbol{A}-\mathbb{E}[\boldsymbol{A}])^{\mathrm{T}}]) \\ &= \sum_{m=1}^{\ell}\mathbb{E}[(A_m - \mathbb{E}[A_m])^2]\end{aligned}$$

其中 $\mathbb{E}$ 表示期望。

首先，PGPE 算法采用线性确定性策略：$\pi(a\mid s,\theta) = \delta(a = \theta^{\mathrm{T}}\varphi(s))$，其中，$\delta(\cdot)$ 为狄拉克函数，$\varphi(s)$ 是 ℓ 维基函数向量，T 为矩阵转置，θ 为策略参

数，其先验分布为高斯分布，由超参数$\boldsymbol{\rho}$控制：$\boldsymbol{\rho}=(\boldsymbol{\eta},\boldsymbol{\tau})$。$\boldsymbol{\eta}=(\eta_1,\eta_2,\cdots,\eta_\ell)^{\mathrm{T}}$表示均值向量，$\boldsymbol{\tau}=(\tau_1,\tau_2,\cdots,\tau_\ell)^{\mathrm{T}}$是标准差向量。设$B=\sum_{i=1}^{\ell}\tau_i^{-2}$，表示标准差向量$\boldsymbol{\tau}$的协方差矩阵的逆的迹。

下面，我们分析 IW-PGPE 算法中梯度估计的方差，有以下定理。

定理 4.1 假设对于所有s、a和s'，存在$\beta>0$，使得$r(s, a, s')\in[-\beta, \beta]$，且对于所有的$\boldsymbol{\theta}$，存在 $0<\omega_{\max}<\infty$，使得 $0<\omega(\boldsymbol{\theta})\leqslant\omega_{\max}$。那么，我们有以下上界：

$$\mathrm{Var}[\nabla_{\eta}\hat{\mathcal{J}}_{\mathrm{IW}}(\boldsymbol{\rho})]\leqslant\frac{\beta^2(1-\gamma^T)^2 B}{N'(1-\gamma)^2}\omega_{\max}$$

$$\mathrm{Var}[\nabla_{\tau}\hat{\mathcal{J}}_{\mathrm{IW}}(\boldsymbol{\rho})]\leqslant\frac{2\beta^2(1-\gamma^T)^2 B}{N'(1-\gamma)^2}\omega_{\max}$$

定理 4.1 表明$\nabla_{\eta}\hat{\mathcal{J}}_{\mathrm{IW}}(\boldsymbol{\rho})$的方差上界与$\beta^2$（瞬时奖励的平方的上界）、$\omega_{\max}$（重要权重$\omega(\boldsymbol{\theta})$的上界）、$B$和$(1-\gamma^T)^2/(1-\gamma)^2$成正比，且与样本量$N'$成反比。此外，$\nabla_{\tau}\hat{\mathcal{J}}_{\mathrm{IW}}(\boldsymbol{\rho})$的方差上界是$\nabla_{\eta}\hat{\mathcal{J}}_{\mathrm{IW}}(\boldsymbol{\rho})$的方差上界的两倍。

值得关注的是，除因子$\omega_{\max}$之外，IW-PGPE 算法所得梯度估计方差上界与 PGPE 算法的上界相同，详见第 3 章定理 3.1；当$\omega_{\max}=1$时，上界被缩减为 PGPE 算法的上界[9]。但是，如果采样分布与目标分布有显著差异，则$\omega_{\max}$可能出现较大值的情况。根据定理 4.1 可知，IW-PGPE 算法易于产生具有较大方差的梯度估计，在实际应用中我们不可将 IW-PGPE 算法作为一种可靠的方法采用。

下面，我们以 3.4 节内容为基础，给出了一种减小 IW-PGPE 算法梯度估计方差的最优基线技术，从而得到一种高效的策略梯度方法。

4.2.2 IW-PGPE 算法的最优基线

为了解决 IW-PGPE 算法中梯度估计方差大的问题，在重要性采样的背景下存在相关技术，例如，对重要性权重的扁平化[15]、截断[16]和规范化[13]。事实上，从定理 4.1 中我们可以看到，通过扁平化或截断重要性权重来降低$\omega_{\max}$可以降低梯度估计方差的上界。然而，这些技术都是基于偏差−方差权衡的，因此它们导致了梯度估计的有偏估计。

另一种可能更具前景的方差减小技术是基线约减法[19-20][22-23]，它在不增加偏差的情况下减小方差。在此，我们推导了 IW-PGPE 算法方差最小化的最优基线，并分析其理论性质。

在 IW-PGPE 算法中，具有基线 $b \in \mathbb{R}$ 的策略梯度估计被定义为：

$$\nabla_{\rho}\hat{\mathcal{J}}_{\mathrm{IW}}^{b}(\rho) := \frac{1}{N'}\sum_{n=1}^{N'}(R(h'_n)-b)\omega(\theta'_n)\nabla_{\rho}\log p(\theta'_n|\rho)$$

众所周知，对于任何常数 b，$\nabla_{\rho}\hat{\mathcal{J}}_{\mathrm{IW}}^{\mathrm{b}}(\rho)$ 是对真实梯度的一致估计量[19]。在这里，我们根据第 3.4.1 节关于最优基线的定义[9]，确定 IW-PGPE 算法的最优基线 b，从而使其梯度估计方差最小。设 b^*为 IW-PGPE 算法的最优基线，其使方差最小化：

$$b^* = \arg\min_{b} \mathrm{Var}[\nabla_{\rho}\hat{\mathcal{J}}_{\mathrm{IW}}^{b}(\rho)]$$

以下定理给出了 IW-PGPE 算法的最优基线。

定理 4.2　IW-PGPE 算法的最优基线为：

$$b^* = \frac{\mathbb{E}_{p(h,\theta|\rho')}[R(h)\omega^2(\theta)\|\nabla_{\rho}\log p(\theta|\rho)\|^2]}{\mathbb{E}_{p(h,\theta|\rho')}[\omega^2(\theta)\|\nabla_{\rho}\log p(\theta|\rho)\|^2]}$$

因非最优基线 b 导致的过量方差为：

$$\mathrm{Var}[\nabla_{\rho}\hat{\mathcal{J}}_{\mathrm{IW}}^{b}(\rho)] - \mathrm{Var}[\nabla_{\rho}\hat{\mathcal{J}}_{\mathrm{IW}}^{b*}(\rho)] = \frac{(b-b^*)}{N'}\mathbb{E}_{p(h,\theta|\rho')}[\omega^2(\theta)\|\nabla_{\rho}\log p(\theta|\rho)\|^2]$$

式中，$\mathbb{E}_{p(h,\theta|\rho')}[\cdot]$表示具有随机变量 h 和 θ 的函数相对于 $p(h, \theta| \rho')$的期望值。

上述定理给出了 IW-PGPE 算法最优基线的解析表达式。结果表明，过量方差与基线的距离 $(b-b^*)^2$ 、重要性权值的平方 $\omega(\theta)$ 与特征有效值的平方范数 $\|\nabla_{\rho}\log p(\theta|\rho)\|^2$ 之积的期望成正比，与采样样本数量 N' 成反比。

接下来，我们分析最优基线对 IW-PGPE 算法方差减小的贡献。

定理 4.3　假设对于所有 s、a 和 s'，存在 $\alpha > 0$，使得 $r(s,a,s') \geqslant \alpha$，并且对于所有的 θ，存在 $\omega_{\min} > 0$，使得 $\omega(\theta) \geqslant \omega_{\min}$。那么我们有下限：

$$\mathrm{Var}[\nabla_{\eta}\hat{\mathcal{J}}_{\mathrm{IW}}(\rho)] - \mathrm{Var}[\nabla_{\eta}\hat{\mathcal{J}}_{\mathrm{IW}}^{b*}(\rho)] \geqslant \frac{\alpha^2(1-\gamma^T)^2 B}{N'(1-\gamma)^2}\omega_{\min}$$

$$\mathrm{Var}[\nabla_\tau \hat{\mathcal{J}}_{\mathrm{IW}}(\rho)] - \mathrm{Var}[\nabla_\tau \hat{\mathcal{J}}_{\mathrm{IW}}^{b*}(\rho)] \geqslant \frac{2\alpha^2(1-\gamma^T)^2 B}{N'(1-\gamma)^2}\omega_{\min}$$

假设对于所有s、a和s'，存在$\beta > 0$，使得$r(s,a,s') \in [-\beta, \beta]$，并且对于所有的$\boldsymbol{\theta}$，存在$0 < \omega_{\max} < \infty$，使得$0 < \omega(\boldsymbol{\theta}) \leqslant \omega_{\max}$。那么我们有上限：

$$\mathrm{Var}[\nabla_\eta \hat{\mathcal{J}}_{\mathrm{IW}}(\rho)] - \mathrm{Var}[\nabla_\eta \hat{\mathcal{J}}_{\mathrm{IW}}^{b*}(\rho)] \leqslant \frac{\beta^2(1-\gamma^T)^2 B}{N'(1-\gamma)^2}\omega_{\max}$$

$$\mathrm{Var}[\nabla_\tau \hat{\mathcal{J}}_{\mathrm{IW}}(\rho)] - \mathrm{Var}[\nabla_\tau \hat{\mathcal{J}}_{\mathrm{IW}}^{b*}(\rho)] \leqslant \frac{2\beta^2(1-\gamma^T)^2 B}{N'(1-\gamma)^2}\omega_{\max}$$

该定理表明，由最优基线带来的 IW-PGPE 算法的方差缩减取决于重要性权重的边界。如果重要性权重越大，则使用最优基线可以更有效地降低 IW-PGPE 算法梯度估计的方差。

基于定理 4.1 和 4.3，我们得到了如下推论。

推论 4.4 假设对于所有s、a和s'，存在$0 < \alpha < \beta$，使得$r(s,a,s') \in [\alpha, \beta]$，并且对于所有的$\boldsymbol{\theta}$，存在$0 < \omega_{\min} < \omega_{\max} < \infty$，使得$\omega_{\min} \leqslant \omega(\boldsymbol{\theta}) \leqslant \omega_{\max}$。那么我们有上限：

$$\mathrm{Var}[\nabla_\eta \hat{\mathcal{J}}_{\mathrm{IW}}^{b*}(\rho)] \leqslant \frac{(1-\gamma^T)^2 B}{N'(1-\gamma)^2}(\beta^2\omega_{\max} - \alpha^2\omega_{\min})$$

$$\mathrm{Var}[\nabla_\tau \hat{\mathcal{J}}_{\mathrm{IW}}^{b*}(\rho)] \leqslant \frac{2(1-\gamma^T)^2 B}{N'(1-\gamma)^2}(\beta^2\omega_{\max} - \alpha^2\omega_{\min})$$

通过比较定理 4.1 和推论 4.4，我们可以看出，由于$\alpha^2\omega_{\min} > 0$，具有最优基线的 IW-PGPE 算法的梯度估计的方差上界小于没有基线的 IW-PGPE 算法的上界。尽管它们只是上界，但仍然可以直观地表明，最优基线有助于缓解由于重要性加权引起的方差大的问题。如果$\omega_{\min}$较大，则具有最优基线的 IW-PGPE 算法的上界可以比无基线的 IW-PGPE 算法的上界小得多。我们将具有最优基线的 IW-PGPE 算法表示为$\mathrm{IW-PGPE_{OB}}$算法。

4.3 实验结果

在本节中，我们通过实验探索所提出算法的有效性，即具有最优基线的

IW-PGPE（IW-PGPE$_{OB}$）算法。在实验中，我们按照相关工作的建议，使用所有收集到的数据来估计最优基线[19]。由于使用相同的样本集用于估计梯度和最优基线，所以引入了偏差。另一种无偏估计的方法是将数据分成两部分：一部分用于估计最优基线，另一部分用于估计梯度。然而，我们发现这种分割方法在我们的初步实验中并不奏效。

4.3.1　示例

首先，我们使用示例数据集验证 IW-PGPE$_{OB}$ 算法的性能。在这里，我们比较 PGPE 算法在同策略场景及异策略场景下的各种变形：

（1）PGPE 算法：原始的同策略 PGPE 算法[8]；

（2）PGPE$_{OB}$ 算法：带有最优基线的同策略 PGPE 算法[9]；

（3）NIW-PGPE 算法：数据重用的无重要性权重的 PGPE 算法；

（4）NIW-PGPE$_{OB}$ 算法：数据重用的无重要性权重的PGPE$_{OB}$ 算法；

（5）IW-PGPE 算法：具有重要性权重的 PGPE 算法；

（6）IW-PGPE$_{OB}$ 算法：带有最优基线的重要性权重 PGPE 算法。

在示例中，环境的状态转移定义为：

$$s_{t+1} = s_t + a_t + \varepsilon$$

其中，$s_t \in \mathbb{R}$，$a_t \in \mathbb{R}$，且 $\varepsilon \sim \mathcal{N}(0, 0.5^2)$ 表示随机噪声。从标准正态分布中随机选择初始状态 s_1。策略使用线性确定性控制器，用 $a_t = \theta s_t$ 表示，其中 $\theta \in \mathbb{R}$。瞬时奖励函数为

$$r(s_t, a_t) = \exp(-s_t^2/2 - a_t^2/2) + 1$$

取值范围为(1, 2]。在此示例实验中，我们将折扣因子设置为 $\gamma = 0.9$，并使用自适应学习率 $\varepsilon = 0.1/\|\nabla_\rho \hat{\mathcal{J}}(\rho)\|$[25]。

假设在每次迭代中可以收集 N 条长度为 T 的路径样本。更具体地说，在第 L 次迭代中，给定超参数 $\rho_L = (\eta_L, \tau_L)$，我们首先从策略参数分布 $p(\theta \mid \rho_L)$ 中选择策略参数 θ_n^L，然后根据 $P(h \mid \theta_n^L)$ 生成路径样本 h_n^L。对于每条路径的生成过程如下：智能体根据初始状态概率密度 $p(s_1)$随机选择初始状态 s_1；然后基于策略 $\pi(a_t \mid s_t, \theta_n^L)$ 选择当前状态下的动作 a_t。随后，智能体根据环境中的状态

转移函数 $p(s_{t+1}|s_t,a_t)$ 进行状态的转换，并获得环境给予的奖励 $r_t=r(s_t,a_t,s_{t+1})$。上述转换过程被重复 T 次以得到一条路径，它被表示为 $h_n^L=\{s_t,a_t,r_t,s_{t+1}\}_{t=1}^T$。我们重复了 N 次这个过程，得到了在第 L 次迭代中收集到的 N 条路径样本，其表示为 $D^L=\{(\boldsymbol{\theta}_n^L,h_n^L)\}_{n=1}^N$。

在数据重用方法中，我们利用当前数据和所有先前收集的数据 $D^{1:L}=\{D^l\}_{l=1}^L$，进行梯度的估计从而更新策略超参数（即均值 $\boldsymbol{\eta}$ 和标准差 τ)。在 PGPE 算法和 PGPE_{OB} 算法中，我们只使用同策略的数据，即当前迭代中收集的数据 D^L 进行策略估计，并更新策略的超参数。如果在参数更新过程中，偏差参数 $\boldsymbol{\tau}$ 的值小于 0.05，我们将其设置为 0.05。

下面，我们通过实验评估梯度估计的方差、偏差和均方误差、超参数的更新轨迹以及学得策略的性能。

1）梯度估计

首先，我们研究重复使用数据对迭代过程中的梯度估计的影响，这里，我们重点讨论关于均值参数 $\boldsymbol{\eta}$ 的梯度。我们从标准正态分布中随机选择初始均值参数 $\boldsymbol{\eta}$，并将初始偏差参数定为 τ=1。在每次迭代中收集 N=10 条路径，路径长度 T=10，在 20 次迭代中更新超参数。我们探索 M=10000 次实验中，每次迭代（例如，在第 l 次迭代中，l=1,…,20）时估计梯度的方差和偏差：

$$\text{Var}=\frac{1}{M}\sum_{m=1}^{M}\left\|\nabla_{\eta_L}\hat{\mathcal{J}}^m(\rho_L)-\frac{1}{M}\sum_{m'=1}^{M}\nabla_{\eta_L}\hat{\mathcal{J}}^{m'}(\rho_L)\right\|^2$$

$$\text{Bias}^2=\frac{1}{M}\left\|\sum_{m=1}^{M}\nabla_{\eta_L}\hat{\mathcal{J}}^m(\rho_L)-\nabla_{\eta_L}\mathcal{J}(\rho_L)\right\|^2$$

式中 $\nabla_{\eta_L}\hat{\mathcal{J}}^m(\rho_L)$ 是第 m 次实验中的估计梯度。具体地说，在第 L 次迭代中，我们用不同的随机数估计梯度 M 次，过程如下：在每次实验（m=1,…,M）中，我们按照相应的分布 $\{D_m^l \underset{\sim}{\text{i.i.d}}\, p(h,\boldsymbol{\theta}|\rho_L)\}_{l=1}^L$ 生成样本 $D_m^{1:L}=\{D_m^l\}_{l=1}^L$，并用生成的样本 $D_m^{1:L}$ 估计梯度 $\nabla_{\eta_L}\hat{\mathcal{J}}^m(\rho_l)$。根据 M 次实验的估计梯度，按照计算第 L 次迭代的方差和偏差。本实验中，在第 L 次迭代中通过 N=10000 个同策略路径样本，根据式（3-1），采用 PGPE 算法逼近真实梯度 $\nabla_{\eta_L}\mathcal{J}(\rho_L)$。注意，方差

和偏差之和与均方误差一致：

$$\mathrm{Var} + \mathrm{Bias}^2 = \frac{1}{M}\sum_{m=1}^{M} \| \nabla_{\eta_L} \hat{\mathcal{J}}^m(\boldsymbol{\rho}_L) - \nabla_{\eta_L} \mathcal{J}(\boldsymbol{\rho}_L) \|^2 \qquad (4\text{-}1)$$

我们根据估计的真实梯度 $\nabla_{\eta_L} \mathcal{J}(\boldsymbol{\rho}_L)$ 来更新超参数 $\boldsymbol{\rho}_L$，得到 $\boldsymbol{\rho}_{L+1}$。然后按照上述步骤，我们研究下一次迭代，即第 L+1 次迭代中估计梯度的方差和偏差。图 4-1 显示了 20 次迭代中估计梯度的方差和偏差。

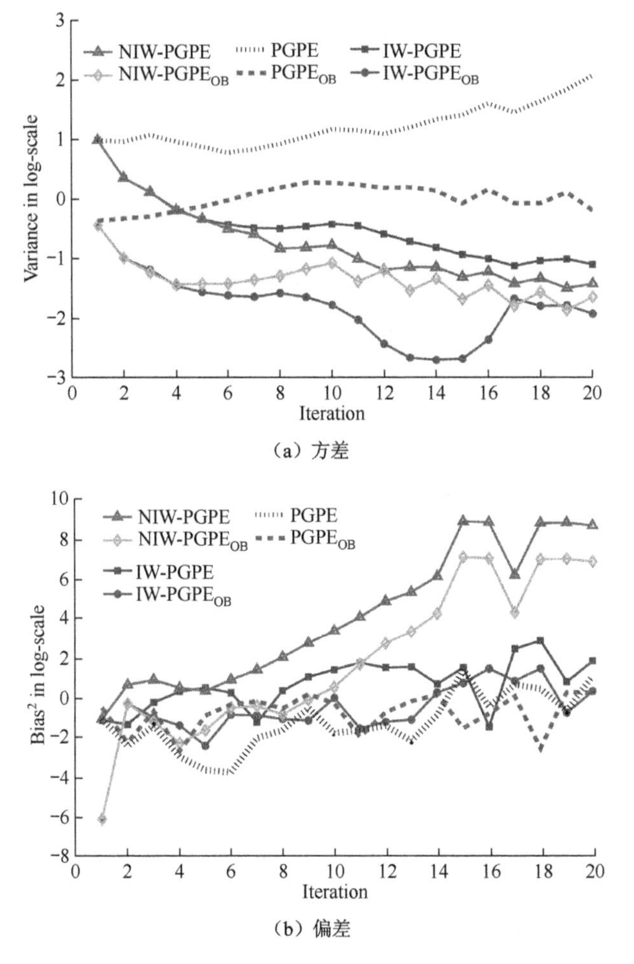

（a）方差

（b）偏差

图 4-1　参数更新迭代过程中梯度估计相对于均值参数 $\boldsymbol{\eta}$ 的方差和偏差

从图 4-1（a）中，我们可以看到 IW-PGPE$_{\mathrm{OB}}$ 算法提供的梯度估计在所有比较的算法中方差最低。IW-PGPE 算法的方差大于 NIW-PGPE 算法，这与我们的理论分析非常吻合：根据定理 4.1，估计梯度的方差的上界与重要性权重成正比，在 NIW-PGPE 算法中重要性权重始终为 1，但如果目标分布与抽样分布显著不同，则在 IW-PGPE 算法中方差的上界非常大。为了观测重要性权重的上界是否很大，我们测量迭代中重要性权重的最大值，如图 4-2 所示。图 4-2（a）表明随着迭代的推进，重要性权重的最大值增大，这进一步说明了重要性权重对 IW-PGPE 算法中梯度估计的方差影响。

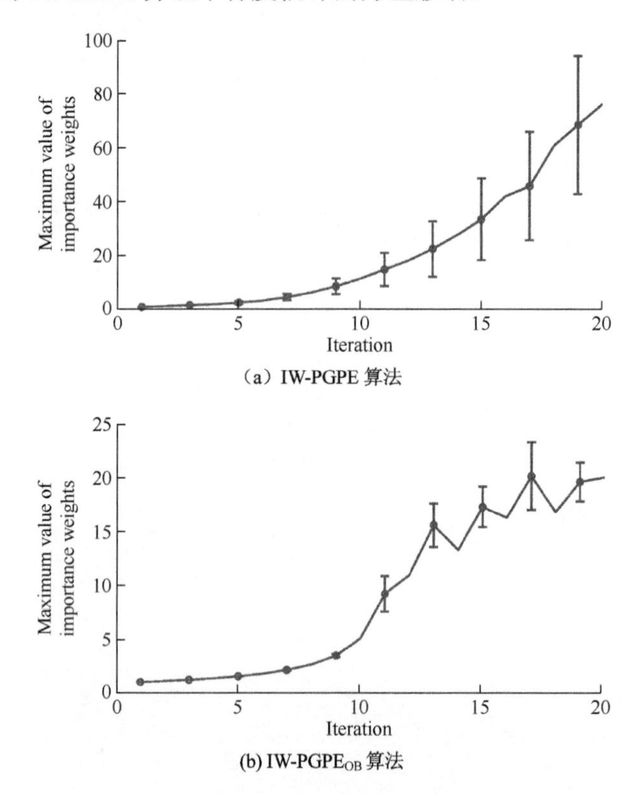

（a）IW-PGPE 算法

(b) IW-PGPE$_{OB}$ 算法

图 4-2　参数更新迭代过程中重要性权重的最大值

我们还可以看到，在迭代过程中，IW-PGPE 算法和 IW- PGPE$_{OB}$ 算法之间的差异往往更大，这也与我们的理论分析一致：根据定理 4.3，重要性权重越大，最优基线对于方差减小的作用越显著。在参数更新的后续迭代中，重要性权重可能会变得更大，因为第一次迭代和最后一次迭代中的策略参数分布可能有很大的不同，图 4-2 恰好说明了这一现象。因此，在后续的迭代过程中，通过最优基线从 IW-PGPE 算法到 IW-$PGPE_{OB}$ 算法的方差减小往往更为显著。NIW-$PGPE_{OB}$ 算法和 IW-$PGPE_{OB}$ 算法的梯度估计都比 $PGPE_{OB}$ 算法具有更小的方差，因为我们使用的数据越多，我们从理论上可以得到的梯度估计的方差就越小。IW-$PGPE_{OB}$ 算法提供的方差小于 NIW-$PGPE_{OB}$ 算法，这是我们的预期结果：根据定理 4.3，在 IW-$PGPE_{OB}$ 算法中，如果重要性权重较大，使用最优基线可以更大程度地减小方差，而 NIW-$PGPE_{OB}$ 算法中重要性权重始终为 1（见图 4-2（b））。$PGPE_{OB}$ 算法的方差小于普通 PGPE 算法，与 Zhao 等人取得的结果一致[9]。

引入最优基线不会增加偏差，如图 4-1（b）所示。NIW-PGPE 算法和 NIW-$PGPE_{OB}$ 算法具有很大的偏差，因为直接重复使用先前的数据会导致有偏的梯度估计。IW-PGPE 算法梯度估计的偏差很小，是因为 IW-PGPE 算法是一致无偏的。PGPE 算法和 $PGPE_{OB}$ 算法也正如预期的那样有很小的偏差。

由于我们提出的 IW-$PGPE_{OB}$ 算法在比较方法中具有较小的偏差和最小的方差，因此，其提供了最小的均方误差（见式（4-1））。

2）定理 4.3 的验证

下面，我们通过实验验证定理 4.3。当计算上界和下界时，$\omega_{\max}$ 和 $\omega_{\min}$ 在理论上是未知的，因此我们将其定义为实验中 ω 的最大值和最小值。我们研究最优基线对于梯度估计方差减小的贡献，即从 IW-PGPE 算法到 IW-$PGPE_{OB}$ 算法的方差减小：

$$\mathrm{Var}[\nabla_\rho \hat{\mathcal{J}}_{\mathrm{IW}}(\rho)] - \mathrm{Var}[\nabla_\rho \hat{\mathcal{J}}_{\mathrm{IW}}^{b*}(\rho)]$$

我们首先从 $\rho=(-1.6,1)$控制的高斯先验分布中收集了 $N'=10$ 个路径样本。然后，我们再使用这些异策略样本，分别估算 IW-PGPE 算法和 IW-$PGPE_{OB}$ 方法中参数 $\rho=(-1.5,0.5)$、$(-0.8,0.5)$和$(-0.1,0.5)$的梯度，并从 100 次实验中计算梯度的方差。

表 4.1 总结了超过 100 次运行的方差减小量、方差减小的上界和下界的平均值。通过这些结果，我们可以看到方差减小的数值结果位于下界和上界之间。此外，我们进一步证实，当 $\omega_{\max}$ 较大时，通过最优基线从 IW-PGPE 算法

到 IW- $PGPE_{OB}$ 算法的方差减小更为显著。

表 4.1 从 IW-PGPE 算法到 IW-$PGPE_{OB}$ 算法的方差减小的经验值、下界和上界

参数 ρ		ω		下界		上界		减小方差	
η	τ	ω_{min}	ω_{max}	η	τ	η	τ	η	τ
−1.5	0.5	2.29e−5	2.0134	3.89e−4	7.78e−4	136.6583	273.32	45.3058(1.5742)	71.4705(2.4567)
−0.8	0.5	9.87e−14	3.0643	1.67e−12	3.34e−12	201.9887	415.98	77.3764(2.6514)	109.1836(3.4584)
−0.1	0.5	1.19e−13	8.9634	2.03e−12	4.06e−12	608.3907	1216.8	138.4063(5.7752)	222.3223(10.947)

3）超参数的更新轨迹

接下来，我们将说明超参数是如何随着迭代而更新的。在这里我们比较了以下三种算法：NIW-PGPE 算法、IW-PGPE 算法和本章提出的 IW- $PGPE_{OB}$ 算法。我们将初始偏差参数定为 τ=1，并测试三个不同的初始均值参数：η=−1.6、−0.8 和−0.1。图 4-3 描绘了不同初始参数下的更新轨迹，其中轮廓线表示期望回报，其中最大值位于中间底部，为最优解。

首先，让我们观察在 N=10 的大样本情况下，超参数在 20 次迭代中是如何变化的。从图 4-3（a）可以看出，NIW-PGPE 算法不能按照正确的梯度方向更新参数，这意味着该方法不能简单地通过增加样本数来解决估计不一致的问题。另一方面，图 4-3（c）显示，IW-PGPE 算法有时可以将最终解引导到具有较大回报的区域，但并非在每次参数迭代中都能找到最优解。这表明，当样本数较大时，重要性权重在解决非一致性问题中是有帮助的，但由于方差较大，导致其收敛较慢。图 4-3（e）表明，IW- $PGPE_{OB}$ 算法给出了可靠的更新方向，三条路径快速收敛到回报最大值区域，没有迂回。这表明，最优基线对改善 IW-PGPE 算法的收敛性有很大的贡献。

接下来，我们研究在 N=1 时参数进行 200 次迭代更新的结果。如图 4-3（b）所示，NIW-PGPE 算法由于不一致性的问题，不能适当找到最优解；图 4-3（d）显示在 200 次迭代之后，IW-PGPE 算法不能总是到达具有最大回报（中间底部）的区域，这是因为在极端情况下 IW-PGPE 算法的梯度估计方差较大，其对于稳定性是至关重要的。但是，从图 4-3（f）可以看出，所提出的 IW- $PGPE_{OB}$ 算法在 N=1 时仍然可以找到可靠的更新方向。

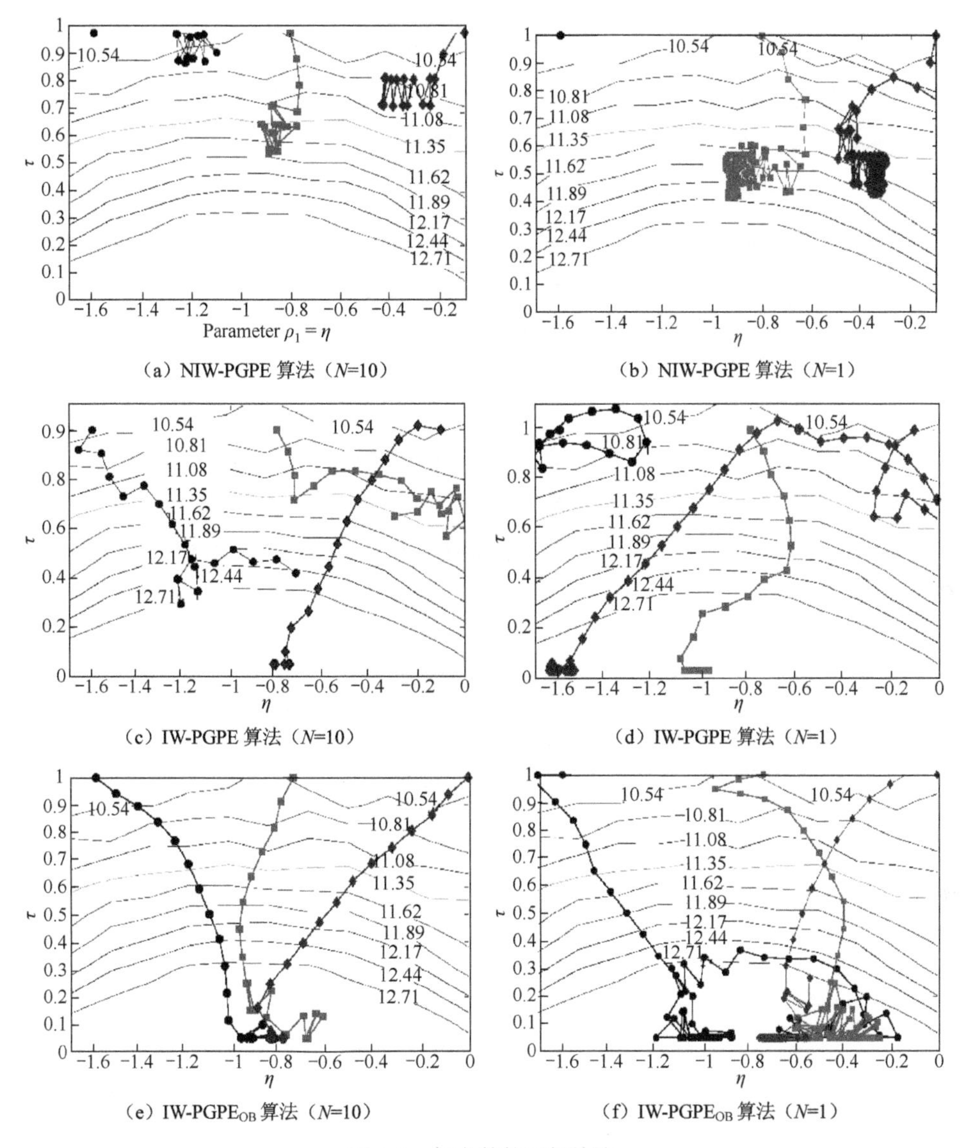

（a）NIW-PGPE 算法（N=10）　（b）NIW-PGPE 算法（N=1）

（c）IW-PGPE 算法（N=10）　（d）IW-PGPE 算法（N=1）

（e）IW-PGPE$_{\mathrm{OB}}$ 算法（N=10）　（f）IW-PGPE$_{\mathrm{OB}}$ 算法（N=1）

图 4-3　超参数的更新轨迹

为了更清晰地观察估计梯度的方向，我们将起点固定在 η=−0.8 和 τ=0.5。利用 10000 个同策略样本采用 PGPE 算法进行梯度的计算及参数的更新，从而确定真实的梯度方向。在该实验中，我们从 $\mathcal{N}(-1.6,1)$中收集 N'=10 个路径样本，然后利用这些样本来估计异策略方法中的梯度。我们计算了不同随机种子下的 20 次梯度值，并计算了真实梯度和估计梯度之间的夹角，结果如图 4-4 所示。在图 4-4（a）中，红色箭头表示真实梯度方向，蓝色箭头表示利用 NIW-PGPE 算法估计的 20 次梯度值。图 4-4（b）绘制了真实梯度和估计梯度间的角度直方图，结果显示，这些角度集中在[−150,−90]，这进一步解释了 NIW-PGPE 算法的不一致问题。观察图 4-4（d）中 IW-PGPE 算法所得的角度分布，我们可以看到这些角度在[−180,180]中广泛分布，这清楚地说明了 IW-PGPE 算法所估计梯度的方差大的问题。另一方面，IW-$\mathrm{PGPE_{OB}}$ 算法的角度集中在[−60,60]，这突出了 IW-$\mathrm{PGPE_{OB}}$ 算法梯度估计的稳定性和一致性的优点。

4）策略的性能

最后，我们评估每种方法在 20 次的参数更新后所得策略的平均回报，每个实验的平均回报是使用 100 个测试路径数据（该样本不用于参数学习）计算的。初始均值参数 $\boldsymbol{\eta}$ 从标准正态分布中随机选取，初始标准差参数设定为 τ=1。

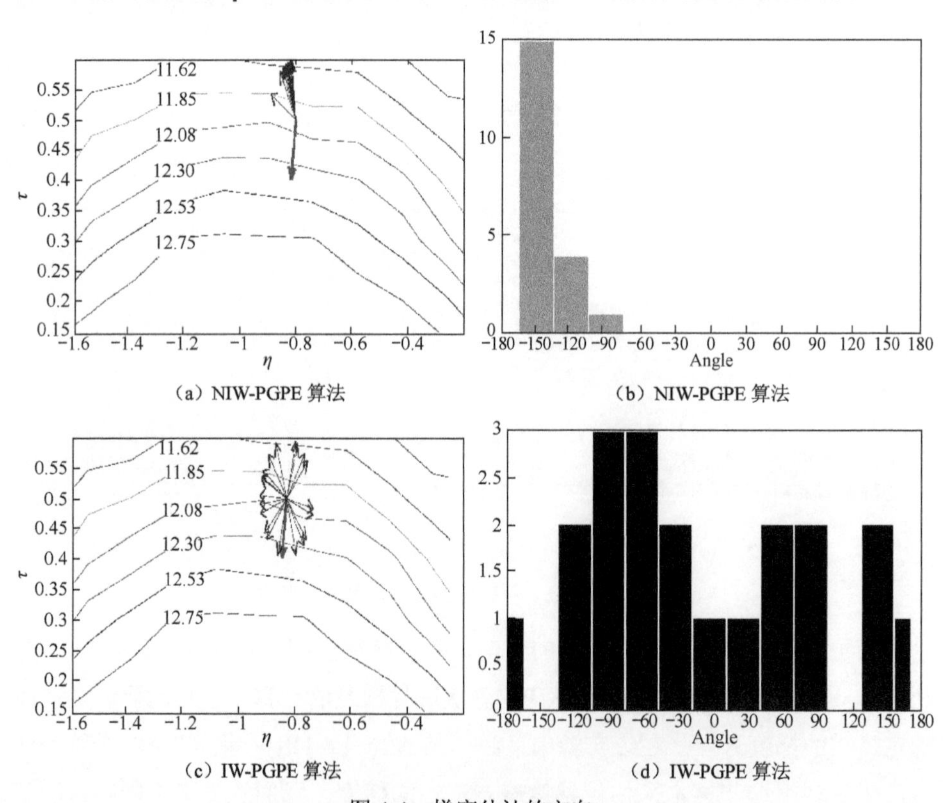

（a）NIW-PGPE 算法　（b）NIW-PGPE 算法

（c）IW-PGPE 算法　（d）IW-PGPE 算法

图 4-4　梯度估计的方向

［彩色图见书后彩插］

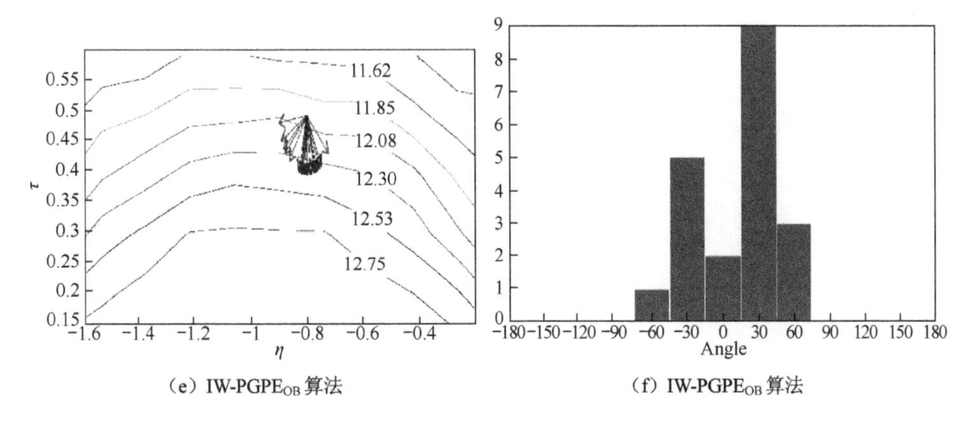

(e) IW-PGPE$_{OB}$ 算法　　　　(f) IW-PGPE$_{OB}$ 算法

图 4-4　梯度估计的方向（续）

[彩色图见书后彩插]

图 4-5 显示了 IW-PGPE$_{OB}$ 算法在迭代过程中平稳地提高了性能，并且收敛速度非常快。NIW-PGPE 算法的性能在迭代过程中并没有得到很大改善，这是由有偏的梯度估计引起的（见图 4-3（a））。IW-PGPE 算法比 NIW-PGPE 算法工作得更好，但经过 9 次迭代后性能趋于饱和。在最初的几次迭代中，IW-PGPE$_{OB}$ 算法的表现没有比 NIW-PGPE$_{OB}$ 算法好很多，因为在初始阶段目标分布和采样分布的差异不大。然而随着迭代的进行，重要性权重的上界趋于增大的趋势（参见图 4-2（b）），这使得在后续的迭代中，IW-PGPE$_{OB}$ 算法

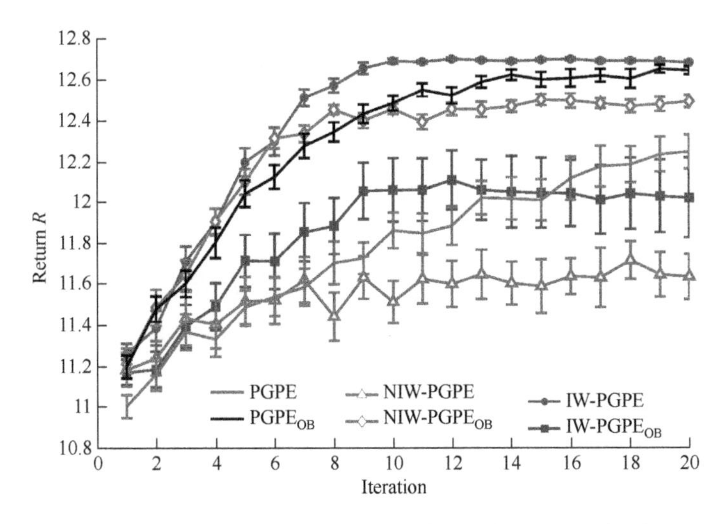

图 4-5　示例任务参数迭代更新过程中策略测试所得平均回报

比 NIW- PGPE_{OB} 算法更可靠。PGPE_{OB} 算法在每次迭代 N=10 的策略样本情况下，取得了相对较好的性能，但其性能仍然无法超越能够有效重复利用样本的 IW- PGPE_{OB} 算法。

4.3.2 山地车任务

接下来，我们在山地车任务中评估我们提出的算法，任务示意图如图 4-6 所示。在该任务中，小车位于两山之间的轨道上，山的景观被描述为函数 sin(3x)。目标是驶向右侧的山峰；但是，汽车的发动机强度不足以单程通过山峰。因此，需要小车来回驱动以建立动力，从而到达右侧山峰的终点。

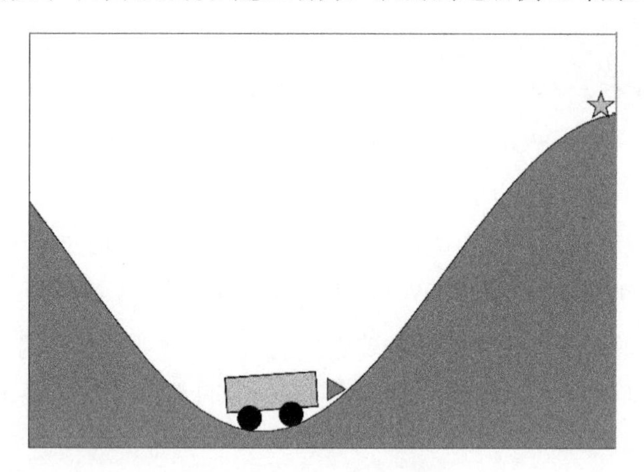

图 4-6 山地车任务示意图

在该任务中，我们比较了以下 7 种算法：

（1）TIW-eNAC 算法：这是一种回合制的样本重用 NAC 方法[16][26]。按照 Wawrzynski（2009）提出的经验[16]，我们将重要性权重截断为 $\omega=\min\{\omega,2\}$；

（2）IW-$\text{REINFORCE}_{\text{OB}}$ 算法：具有最优基线的重要性加权 REINFORCE 算法，是回合制 REINFORCE 算法在异策略场景下和最优基线[28]的组合；

（3）R^3 算法：样本复用的奖励加权回归[15]算法；

（4）PGPE_{OB} 算法：同策略场景下的原始 PGPE_{OB} 算法；

（5）NIW-PGPE_{OB} 算法：无重要性加权的数据重用 PGPE_{OB} 算法；

（6）IW-PGPE 算法：重要性加权的 PGPE 算法；

（7）IW-PGPE$_{OB}$ 算法：具有最优基线的重要性加权 PGPE 算法。

状态空间$\mathcal{S}$是二维连续的，它由水平位置 $x\in[-1.2,\ 0.5]$和速度$\dot{x}\in[-1.5,1.5]$组成，即 $\boldsymbol{s}=(x,\dot{x})^{\mathrm{T}}$，将其通过基函数向量 $\boldsymbol{\varphi}(s)$非线性变换到特征空间。我们使用 12 个均值 $\boldsymbol{c}$ 和标准差 k=1 的高斯核函数作为基函数，

$$\boldsymbol{\varphi}(\boldsymbol{s})=\exp\left(-\frac{\|\boldsymbol{s}-\boldsymbol{c}\|^2}{2k^2}\right)$$

其中，内核中心 $\boldsymbol{c}$ 分布在以下网格点上：

$$\{-1.2,-0.35,0.5\}\times\{-1.5,-0.5,0.5,1.5\}$$

动作空间$\mathcal{A}$是一维连续空间，对应于施加在小车上的的力（注意，汽车的力不足以爬上斜坡直接达到目的地）。我们对 IW-REINFONCE$_{OB}$ 算法、TIW-eNAC 算法和 R^3 算法使用高斯策略模型：

$$\pi(a|\boldsymbol{s},\boldsymbol{\theta})=\frac{1}{\sigma\sqrt{2\pi}}\exp\left(-\frac{(a-\boldsymbol{\mu}^{\mathrm{T}}\boldsymbol{\varphi}(s)^2)}{2\sigma^2}\right) \tag{4-2}$$

其中，$\boldsymbol{\mu}$ 是策略的均值参数，σ 是策略的标准差参数。对于 PGPE 算法及其变形方法，我们采用线性确定性策略模型，当$\sigma\to 0$ 时，其对应于式（4-2）。

车辆动力学（即位置和速度的更新规则）由下式给出：

$$x_{t+1}=x_t+\dot{x}_{t+1}\Delta t$$

$$\dot{x}_{t+1}=\dot{x}_t+\left(-9.8w\cos(3x_t)+\frac{a_t}{w}-k\dot{x}_t\right)\Delta t$$

其中，a_t 是在 t 时刻采取的行动。我们将问题参数设置为：汽车质量 w=0.2kg，摩擦系数 k=0.3，模拟时间步长 $\Delta t=0.1\mathrm{s}$ 。瞬时奖励函数定义为：

$$r(s_t,a_t,s_{t+1})=\begin{cases}1 & \text{if } x_{t+1}\geqslant 0.45\\ -1 & \text{otherwise}\end{cases}$$

从标准正态分布中随机选取初始均值参数 $\boldsymbol{\mu}$和 $\boldsymbol{\eta}$，初始标准差参数设为 σ,τ=1。汽车的初始状态设定在山的底部，初始速度设为 $\dot{x}$=0。在每次参数迭代中收集 N=10 个长度 T=40 的路径样本，在异策略方法中，我们在后续的迭代中重用所有以前收集到的数据。在原始的同策略 PGPE$_{OB}$ 算法中，我们只在每次迭代时收集 N=10 个同策略样本来估计策略梯度。折扣因子设为 γ=0.95，学习率为 $\varepsilon=1/\|\nabla_{\rho}\hat{\mathcal{J}}(\rho)\|$。

我们探索了策略更新迭代在 10 次实验中的平均回报，每次实验的平均回报是在 100 个新收集的、且未用于策略学习的路径样本中测试所得，实验结果如图 4-7 所示。结果表明，IW-$PGPE_{OB}$ 算法在策略更新迭代过程中快速提高了性能，并且比其他所有算法都获得了更好的性能改进。IW-PGPE 算法在参数更新期间也能一定程度地改善其性能，这意味着 IW 估计器的一致性是有效的。然而，它不及所提出的 IW-$PGPE_{OB}$ 算法能更好提升性能，这与 IW-PGPE 算法的梯度估计方差大有一定的关系。NIW-$PGPE_{OB}$ 算法的性能相当好，这可能是因为策略梯度估计的偏差在本任务中并没有起决定性作用。原始 $PGPE_{OB}$ 算法可以在整个迭代过程中提高性能，这表明样本数量 N=10 对于该任务而言已经足够了。其他的数据重用方法可以在迭代过程中提高性能，但是速度很慢。IW-$REINFORCE_{OB}$ 算法的性能优于 TIW-eNAC 算法，这是因为最优基线对 IW-$REINFORCE_{OB}$ 算法的性能有显著的贡献，而截断重要性权重可能会导致 TIW-eNAC 算法在迭代过程中产生较大的偏差。R^3 算法不能在迭代过程中有效地提高性能。总体而言，由于梯度估计的方差较小，IW-$PGPE_{OB}$ 算法在整个迭代过程中实现了平稳且快速的性能改进，其性能在所比较的方法中是最好的。

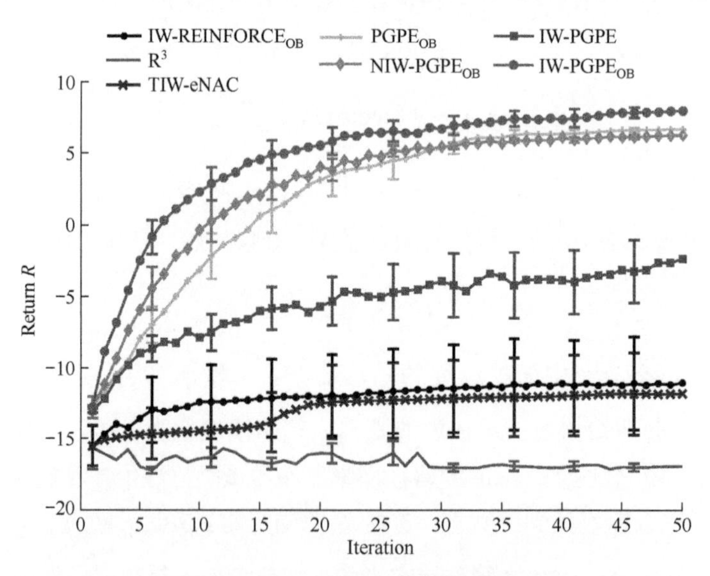

图 4-7　山地车任务参数迭代更新中策略测试所得平均回报

4.3.3　机器人仿真控制任务

最后，我们在人形机器人 CB-i 的仿真环境中，探索其上半身的高度非线性动态控制问题的性能，人形机器人 CB-i 原型如图 4-8（a）所示[29]。在实验中我们使用它的模拟器，目标是将右臂的末端效应器引导到目标对象，如图 4-8（b）所示。在该任务中，我们比较以下 4 种算法。

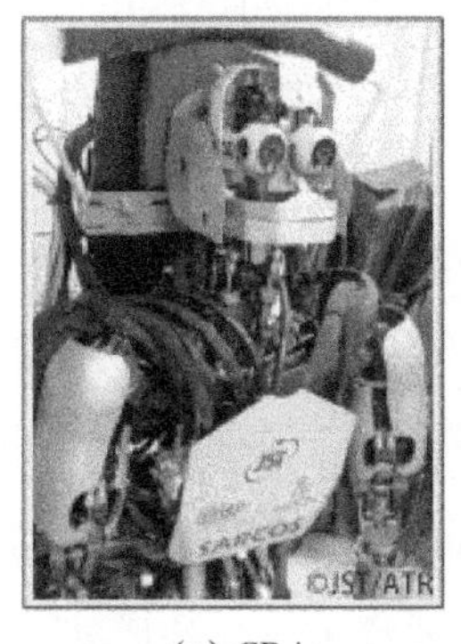

（a）CB-i

（b）Simulated upper-body model

图 4-8　人形机器人 CB-i 原型及其上半身仿真模型

（1）$\text{IW-REINFORCE}_{\text{OB}}$ 算法：具有最优基线的重要性加权 REINFORCE 算法；

（2）$\text{NIW-PGPE}_{\text{OB}}$ 算法：无重要性加权的数据重用 PGPE_{OB} 算法；

（3）PGPE_{OB} 算法：无数据重用的原始 PGPE_{OB} 算法；

（4）$\text{IW-PGPE}_{\text{OB}}$ 算法：具有最佳基线的重要性加权 PGPE 算法。

1）设置

在人形机器人 CB-i 仿真环境的模拟器中，其上半身具有 9 个自由度的关节：右臂的肩关节翻滚、肩关节俯仰和右肘部、左臂的肩关节翻滚、肩关节俯仰和左肘部、躯干偏航、躯干俯仰和躯干翻滚。在每个时间步骤中，控制器从系统接收状态并发送操作。状态及动作空间都是连续的，其中状态为 18 维，对应于各关节的角度和角速度；动作为 9 维，对应每个关节的目标角度。

机器人的初始状态和目标物体的位置是固定的，机器人的初始状态设定为手臂向下直立的状态，目标物体的位置取决于任务。注意，目标物体的位置仅用于奖励函数的设计，瞬时奖励函数为：

$$r_t = k_1 \exp(-10d_t) - k_2 \min\{c_t, 10000\}$$

其中，k_1=1，k_2=0.0005，d_t 为机器人的右手在第 t 步时与目标物体的距离，c_t 为所有关节的能量损耗之和。需要注意的是，奖励函数的结果可能会随着 k_1 和 k_2 的不同而变化，为了使奖励函数中 $\exp(-10d_t)$ 和 c_t 的值保持在相同的数量级，我们需要合理地选择 k_1 和 k_2。我们使用与山地车任务相同的策略模型，即 PGPE 算法使用线性确定性策略模型，IW-REINFORCE$_{\text{OB}}$ 算法使用高斯策略，基函数为 $\boldsymbol{\varphi}(s)=\boldsymbol{s}$。

初始均值参数 $\boldsymbol{\mu}$和 $\boldsymbol{\eta}$ 从标准正态分布中随机选取，初始标准差参数 σ,τ 设定为 1。为了评估采样预算极少的样本重用方法的有效性，在每次参数迭代时仅收集长度 T=100 的路径样本 N=3 条。在样本重用方法中，我们在后续的参数迭代更新过程中重用所有以前收集过的样本数据。在原始的同策略 PGPE$_{\text{OB}}$ 算法中，每次迭代中我们只使用 N=3 的同策略样本来估计梯度。折扣因子设为 γ=0.9，学习率设为 $\varepsilon = 0.1/\|\nabla_\rho \hat{\mathcal{J}}(\rho)\|$。

2）2 个自由度任务

首先，我们探索在只具有 2 个自由度的情况下完成目标物体的触碰任务，这里固定机器人的身体，只使用右臂肩关节翻滚和右肘。图 4-9 描述了 10 次实验中，参数迭代更新过程中学得策略所获得平均回报。

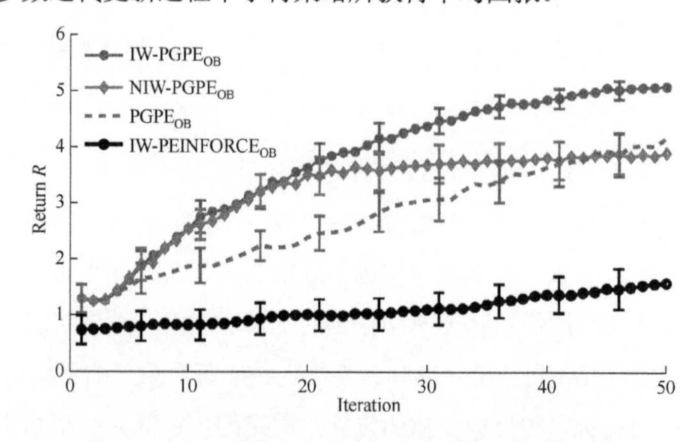

图 4-9　2 个自由度任务中迭代过程策略所得平均回报

每次迭代中的平均回报是利用 50 个新采集的测试路径样本计算得出的（不用于策略学习）。结果表明，IW-PGPE$_{OB}$ 算法只使用少量的同策略样本就可以很好地在迭代过程中提高策略的性能。原始 PGPE$_{OB}$ 算法也可以在迭代期间提高性能，但收敛速度较慢。NIW-PGPE$_{OB}$ 算法的性能不及 IW-PGPE$_{OB}$ 算法，特别是在后续的迭代中，这是由于 NIW 估计量的不一致性造成的。实验中随机选取初始均值参数，使得 IW-REINFORCE$_{OB}$ 算法在迭代过程中不能显著提高性能，这一结果与 REINFORCE 算法对初始参数值敏感的观察结果一致[9]。

此外，我们测试了初始策略，IW-PGPE$_{OB}$ 算法在第 20 次迭代时获得的策略，以及 IW-PGPE$_{OB}$ 算法在第 50 次迭代时获得的策略的性能。具体以执行任务的路径中，每个时间步从右手到物体的距离以及能量损耗为测试指标，结果如图 4-10 所示。从图 4-10（a）可以看出，第 50 次迭代得到的策略与第 20 次迭代得到的策略和初始策略相比，右手到目标物体之间距离缩短速度最快。这意味着机器人可以通过学习策略快速到达目标。另一方面，图 4-10（b）显示执行在第 50 次迭代中获得的策略所需的能量损耗稳步降低，直到任务完成为止。这是因为机器人一开始主要调整肩部，这比控制肘部所需的能量更多。然后，当右手靠近目标物体时，机器人开始调整肘部的角度来接近目标物体。机器人在第 20 次迭代中获得的策略消耗更少的能量损耗，但是它不能将手臂移动到目标对象，无法完成任务。

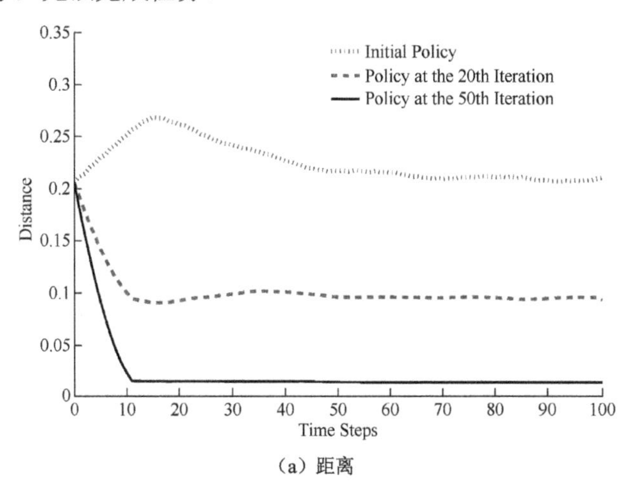

（a）距离

图 4-10 利用 2 个自由度让手臂达到目标物体过程奖励函数中距离和能量损耗为衡量指标，测试 IW-PGPE$_{OB}$ 算法的初始策略、第 20 次迭代所得策略及第 50 次迭代所得策略

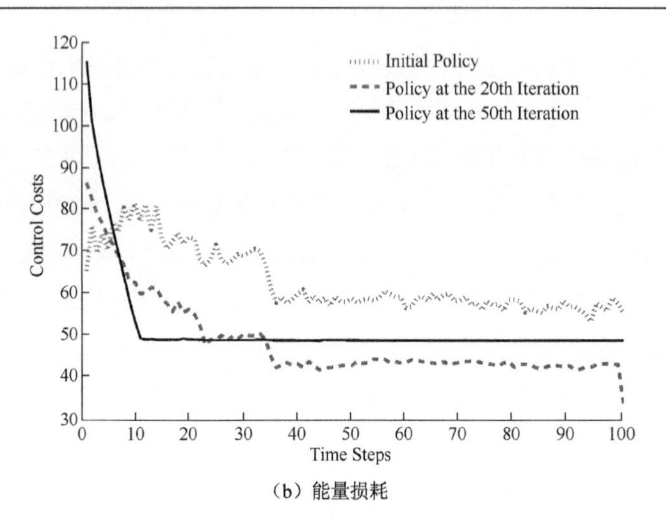

（b）能量损耗

图 4-10 利用 2 个自由度让手臂达到目标物体过程奖励函数中距离和能量损耗为衡量指标，测试 IW-PGPE$_{OB}$ 算法的初始策略、第 20 次迭代所得策略及第 50 次迭代所得策略（续）

图 4-11 显示了 IW-PGPE$_{OB}$ 算法在第 50 次迭代时获得的策略完成具有 2 个自由度的接触目标物体任务的典型解决方案，结果表明，我们所提出的策略学习方法能够在 10 个时间步内将右手引导到目标对象，成功完成任务。

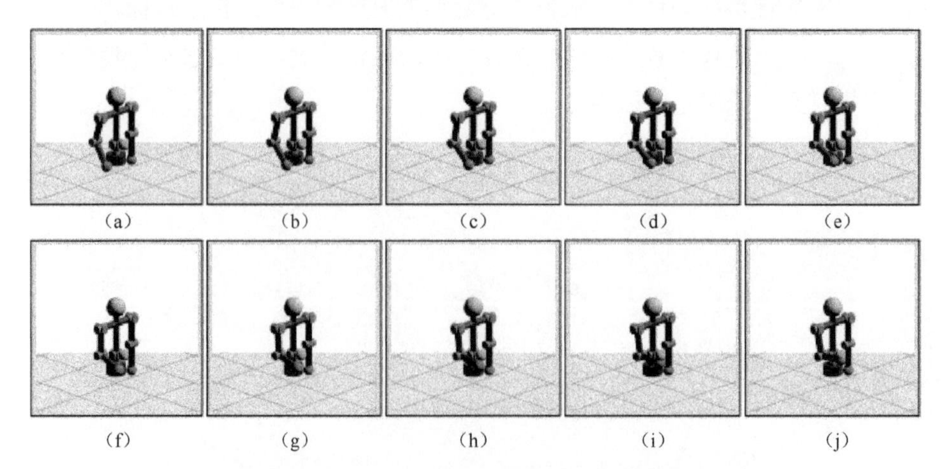

图 4-11 IW- PGPE$_{OB}$ 算法在第 50 次迭代中获得的策略实现 2 个自由度操纵手臂到达目标物体的示例

3）4 个自由度任务

接下来，我们评估具有 4 个自由度的机器人上半身完成物体触碰任务的性能。我们使用右臂的肩关节翻滚、肩关节俯仰、右肘部和躯干偏航关节。通过使用躯干偏航关节，机器人可以到达一个仅用右臂无法实现的遥远物体的触碰任务，结果如图 4-12 所示。从图 4-12 可以看出 $\text{IW-PGPE}_{\text{OB}}$ 算法在整个迭代过程中实现了快速地策略改进，其性能也是在所比较的算法中最好的。

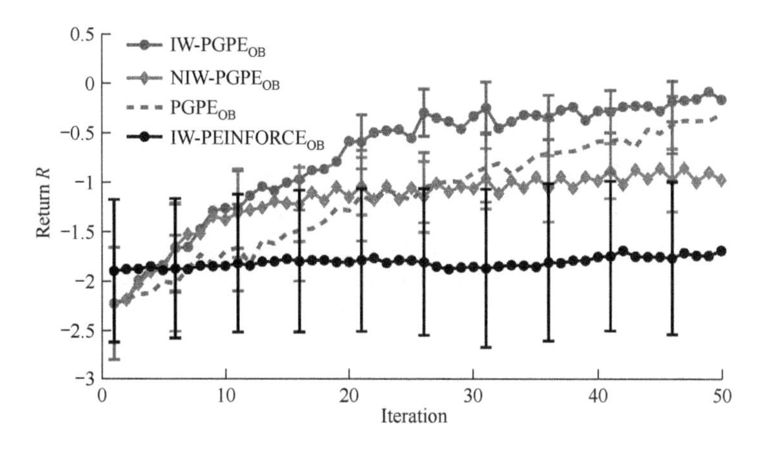

图 4-12　4 个自由度（右肩、右肘、右肩侧和躯干关节）任务中，迭代过程策略所得平均回报

图 4-13 描绘使用 $\text{IW-PGPE}_{\text{OB}}$ 算法以 4 个自由度到达物体的典型示例。注意，该任务中目标物体距离机器人较远，仅用右臂无法到达。机器人首先调整躯干偏航关节，然后使用右臂到达物体。示例结果显示，我们所提出的学习策略方法成功地让右手触碰到了远处的物体。

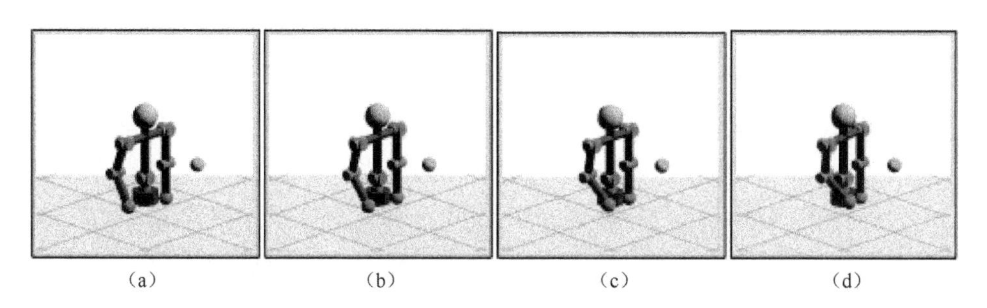

图 4-13　$\text{IW-PGPE}_{\text{OB}}$ 算法在第 50 次迭代中获得的策略，以 4 个自由度完成目标物体碰触的典型例子

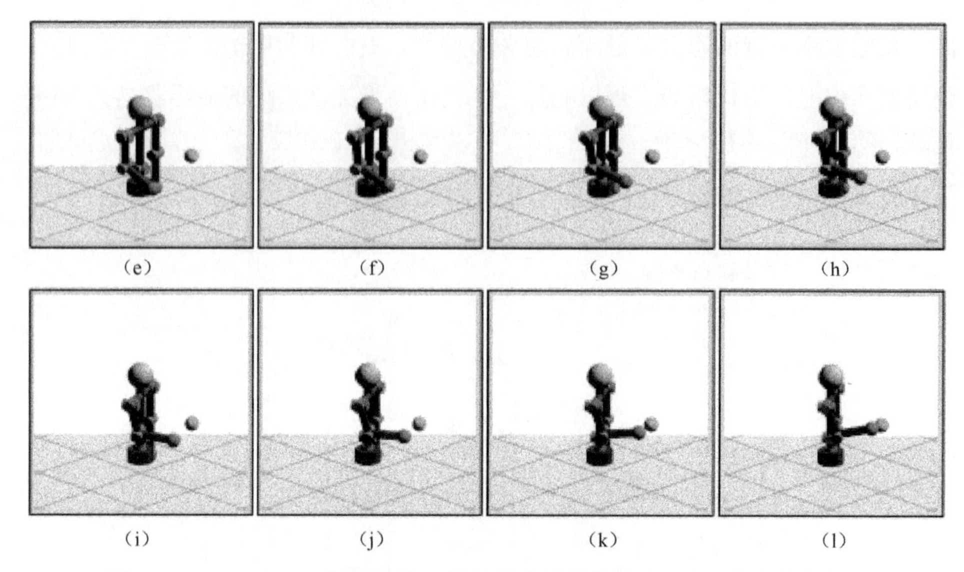

图 4-13　IW-PGPE$_{OB}$ 算法在第 50 次迭代中获得的策略，以 4 个自由度完成目标物体碰触的典型例子（续）

4）所有自由度任务

最后，我们利用上半身所有关节自由度对物体触碰任务的性能进行了评价。该任务中，目标对象的位置与 4 个自由度设置中的任务相同。

在这个实验中，我们使用所有的自由度来实现接触到目标物体的任务。显然，这会增加状态及动作空间的维数，进一步地可能会使重要性权重的数值呈指数增长[12][30]。为了减小重要性权重的数值，根据先验知识，我们并未重用所有以前收集的样本，而只重用最近 5 次迭代中收集的样本。这使得采样分布和目标分布之间的差异保持得尽可能小，从而在一定程度上抑制重要性权重的值。此外，根据 Wawrzynski（2009）等提出的减小因重要性采样而带来的方差大的重要性权重截断方法[16]，我们将本任务中的重要性权重截断为 $\omega=\min\{\omega,2\}$，下面将此版本的 IW-PGPE$_{OB}$ 算法表示为截断的 IW-PGPE$_{OB}$ 算法，结果如图 4-14 所示。结果表明，截断 IW-PGPE$_{OB}$ 算法的性能最好，这意味着在将我们提出的方法应用于高维问题时，对重要性权重进行截断的效果较为显著。

通过所有机器人控制实验，我们可以看到，即使我们对高维实验进行了更大次数的迭代运行，随着维数的增加，回报往往更低。在所有自由度的任务中（如

图 4-14 所示)，最多迭代了 400 次。如果我们继续进行更多的迭代实验，回报可能会略有增加，但仍然小于低维任务中的回报。这是因为机器人使用的关节越多，消耗的能量就越大，因此在高维情况下，回报往往越低。

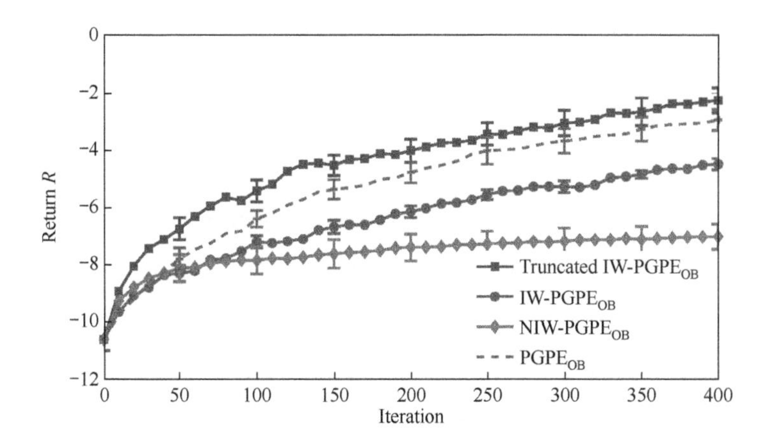

图 4-14 9 个自由度任务中，迭代过程策略所得平均回报

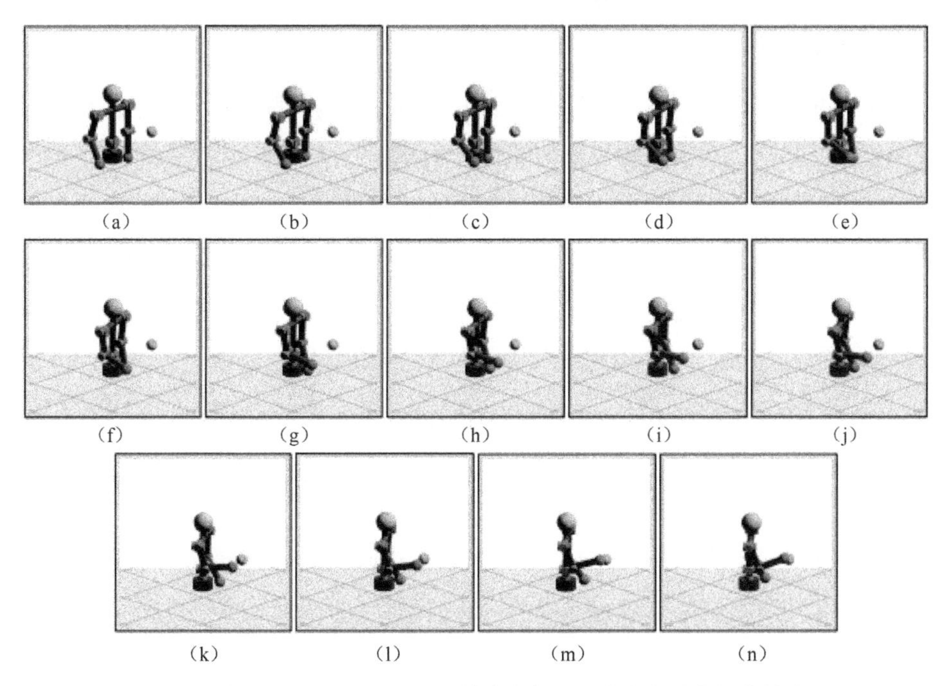

图 4-15 使用截断式 IW- PGPE$_{OB}$ 算法在第 400 次迭代时获得的策略，实现所有自由度碰触目标物体的典型例子

综上，本章所提出的 $\text{IW-PGPE}_{\text{OB}}$ 算法是一种有前途的算法。面对高维度任务时，可以与其他的基于重要性权重的方法一样，利用权重截断等附加校正技术进一步提高性能。

4.4 总结和讨论

在许多现实世界的强化学习问题中，减少训练样本的数量是必要的，因为采样成本往往远远高于计算成本。在这一章中，我们提出了一种全新的可高效重复利用样本的策略梯度方法，该方法系统地结合了 PGPE 算法、重要性采样和最优基线技术。结果表明，在一定条件下，引入最优基线可以缓解重要性加权而引入的大方差问题。通过数据示例实验，验证了该方法的有效性。此外，通过机器人仿真控制实验，我们发现截断重要性权重技术有助于将所提出的方法应用于高维问题。

基线和重要性加权技术是两种独立的技术。更具体地说，在异策略场景中使用重要性加权，通过使用重要性加权，保持数据采样分布和目标分布之间的一致性，以有效地重用先前收集的样本。另一方面，利用最优基线来减小梯度估计的方差。

在强化学习中，文献[22]首次提出基线技术，对回报 R 和基线 b 之间进行比较：如果 $R>b$，我们调整学习参数 $\boldsymbol{\rho}$ 以增加 $\boldsymbol{\theta}$ 的概率，如果 $R<b$，则相反。基于这个观点，Williams 证明了基线技术没有引入偏差，这是因为 b 的系数的期望值为零，即 $\mathbb{E}\left[\frac{\nabla_{\rho} p(\boldsymbol{\theta}|\boldsymbol{\rho})}{p(\boldsymbol{\theta}|\boldsymbol{\rho})}\right]=0$ [23]。另一方面，Dayan 考虑了基线对方差的影响，关于基线的猜测是从回报中减去基线会降低幅度，从而减小方差。从技术上讲，减去基线可以视为一种控制变量技术[10]，这是减小蒙特卡洛积分估计方差的有效方法。本章中的实验结果表明，与重要性加权技术相比，引入基线技术是提高性能的主要因素。

参考文献

[1] Sutton, R. S. , Barto, G. A. . Reinforcement Learning: An Introduction[M]. Cambridge, MA, USA: MIT Press, 1998.

[2] Bagnell, J. , Kakade, S. , Ng, A. , et al. Policy Search by Dynamic Programming[J]. In Advances in Neural Information Processing Systems, 2004:831–388.

[3] Ng, Y. , Jordan, M. . PEGASUS: A policy search method for large MDPs and POMDPs[C]. In Proceedings of the 16th Conference on Uncertainty in Artificial Intelligence, 2000, 406–415.

[4] Peters, J. , Schaal, S. . Policy Gradient Methods for Robotics[C]. In Proceedings of the IEEE/RSJ International Conferece on Intelligent Robots and Systems, 2006: 2219–2225.

[5] Busoniu, L. R. , Babuška, R. , Schutter, B. D. , et al. Reinforcement Learning and Dynamic Programming Using Function Approximators[M]. CRC Press, Inc, 2010.

[6] Sutton, R. S. , Mcallester, D. A. , Singh, S. P. , et al. Policy Gradient Methods for Reinforcement Learning with Function Approximation[J]. In Advances in Neural Information Processing Systems 12, MIT Press, 1999:1057–1063.

[7] Kakade, S. . A Natural Policy Gradient[C]. Advances in Neural Information Processing Systems 14, Cambridge, MA: MIT Press, 2002:1531–1538.

[8] Sehnke, F. , Osendorfer, C. , Thomas Rückstie, et al. Parameter-exploring policy gradients[J]. Neural Networks, 2010, 23(4):551-559.

[9] Zhao, T. , Hachiya, H. , Gang, N. , et al. Analysis and Improvement of Policy Gradient Estimation[J]. Neural Networks, 2012, 26(2):118-129.

[10] Fishman, G. S. . Monte Carlo: Concepts, Algorithms, and Applications[J]. Springer-Verlag, Berlin, Germany, 1996.

[11] Shimodaira, H. . Improving Predictive Inference under Covariate Shift by Weighting the Log-Likelihood Function[J]. Journal of Statistical Planning and Inference, 2000,90(2):227–244.

[12] Shelton, C. R. . Policy improvement for POMDPs using normalized importance sampling[C]. In Proceedings of the Seventeenth International Conference on Uncertainty in Artificial Intelligence, 2001: 496–503.

[13] Peshkin, L. , Shelton, C. R. . Learning from Scarce Experience[C]. In Proceedings of the Nineteenth International Conference on Machine Learning, 2002 :498–505.

[14] Hachiya, H. , Peters, J. , and Sugiyama, M. . Reward-Weighted Regression with Sample Reuse for Direct Policy Search in Reinforcement Learning[J]. Neural Computation, 2011, 23(11):2798-2832.

[15] Wawrzynski, P. . Real-time Reinforcement Learning by Sequential Actor-critics and Experience Replay[J]. Neural Networks, 2009,22(10):1484–1497.

[16] Precup, D. , Sutton, R. S. , Singh, S. . Eligibility Traces for Off-policy Policy Evaluation[C]. In Proceedings of the 17th International Conference on Machine Learning, 2000:759–766.

[17] Uchibe, E. , Doya, K. . Competitive-cooperative-concurrent Reinforcement Learning with Importance Sampling[J]. In Proceedings of International Conference on Simulation of Adaptive Behavior: From Animals and Animats, MIT Press, 2004:287–296.

[18] Greensmith, E. , Bartlett, P. L. , and Baxter, J. . Variance Reduction Techniques for Gradient Estimates in Reinforcement Learning[J]. Journal of Machine Learning Research, 2004.

[19] Weaver, L. , Tao, N. . The Optimal Reward Baseline for Gradient-based Reinforcement Learning[C]. In Processings of the Seventeeth Conference on Uncertainty in Artificial Intelligence, 2001: 538–545.

[20] R. Sutton. Temporal Credit Assignment in Reinforcement Learning[M]. University of Massachusetts, 1984.

[21] Williams, R. J. . Toward a Theory of Reinforcement-learning Connectionist Systems[J]. Technical Report NU-CCS-88-3, College of Computer Science, Northeastern University, Boston, MA, 1988.

[22] Matsubara, T. , Morimura, T. , and Morimoto, J. . Adaptive Step-size Policy Gradients with Average Reward Metric[J]. Journal of Machine Learning Research - Proceedings Track, 2010, 13:285–298.

[23] Peters, J. , Schaal, S. . Natural Actor-Critic[J]. Neurocomputing, 2008, 71(7-9):1180-1190.

[24] Meuleau, N. , Peshkin, L. , Kim, K. E. . Exploration in Gradient-Based Reinforcement Learning[J]. Ai Memo –003 Massachusetts Institute of Technology, 2001.

[25] Cheng, G. , Hyon, S. , Morimoto, J. , et al Cb: A Humanoid Research Platform for Exploring Neuro-science[J]. Advanced Robotics, 2007, 21(10):1097–1114.

[26] Cortes, C. , Mansour, Y. , and Mohri, M. . Learning Bounds for Importance Weighting[J]. In Advances in Neural Information Processing Systems 23, 2010 :442–450.

第5章　方差正则化策略梯度算法

策略梯度方法广泛应用于具有连续动作空间的强化学习问题，该方法沿期望回报最陡的方向更新策略参数。然而，由于策略梯度估计的方差过大，往往会导致策略更新的不稳定性。本章，我们在基于参数探索的策略梯度算法框架上提出通过直接使用策略梯度的方差作为正则项来抑制梯度估计的方差。通过实验，我们验证了所提出的方差正则化技术与基于参数探索的策略梯度算法和最优基线相结合，比非正则化方法的策略更新更可靠。

5.1　研究背景

强化学习是一种用于序列决策的强大的机器学习范式，主要研究智能体在未知环境中如何行动以最大化累积收益[1]。策略迭代根据当前迭代进行值函数估计，并且根据估计的值函数进行策略更新[2]。事实证明，它在许多现实问题中均能很好地工作，尤其适用于状态和动作为离散的问题[3][4]。面对大规模连续状态空间，策略迭代还可以通过函数逼近来处理连续状态[5]。然而，由于很难找到关于连续动作的值函数的最大值，因此处理连续动作并非易事。

策略搜索可以通过直接学习策略参数而不使用值函数来克服上述局限性。因此，它被广泛应用于更复杂的连续动作空间问题[6-8]。在策略搜索算法中，策略梯度是被广泛应用的算法之一[9][10]，在机器人控制方面取得了显著成效[11-13]。

然而，策略梯度方法仍然存在普遍性的问题，即对策略梯度的估计方差较大，造成梯度更新不稳定。为了降低梯度估计的方差，研究者们提出了一系列相关方法，包括自然策略梯度方法[14][15]、基于参数探索的策略梯度算法[9][16]和最优基线技术[17-19]。虽然这些方法都在一定程度上稳定了策略更新，但它们都没有在目标中直接考虑到梯度估计的方差问题。因此，为了有效地解决更具有挑战性的连续空间的复杂决策问题，需要进一步提高策略更新的稳定性。

本章，我们通过直接采用策略梯度的方差作为正则化项，探索一种更明确的方法来进一步减小梯度估计方差。基本思想是由 Risk-sensitive RL 激发的[20]，它在目标中增加了一个额外的风险项，即收益的方差；风险敏感的强化学习算法包括收益密度估计[21]、风险敏感策略梯度方法[22]、Actor-Critic 方法[23]和时间差分方法[24]。然而，我们的目标不是考虑风险，而是提高策略梯度的稳定性，以便更可靠地执行策略更新。因此，我们通过将策略梯度的方差直接纳入目标函数中，为策略梯度方法设计了一个全新的框架，提出了正则化策略梯度算法框架，可以在提高期望回报的同时，降低梯度估计的方差。

在实践中，我们将方差正则项、最优基线[18]技术与基于参数探索的策略梯度算法[9]相结合，以进一步减小方差。更具体地说，在我们提出的方差正则化框架中，我们实现了一种最先进的策略梯度方法，即在基于参数探索的策略梯度算法（PGPE 算法）和最优基线的策略梯度算法中引入方差正则项，通过示例实验验证了该方法的有效性。

5.2 正则化策略梯度算法

PGPE 算法与最优基线结合被证明可以提供先进的性能[19]。然而，在具有挑战性的强化学习问题中，它仍然是不稳定的。本节，我们提出一个更明确的方法来减小梯度估计的方差，即正则化策略梯度算法。我们在 PGPE 算法框架下给出正则化策略梯度算法的目标函数，随后推导其梯度计算公式。

5.2.1 目标函数

在传统策略梯度算法——REINFORCE 算法中[10]，由于策略的随机性，策略梯度估计的方差较大，因此该算法在实际应用中，尤其是在路径长度 T 较大时通常不可靠[11][19]。为了解决策略估计的方差问题，提出了一种基于参数探索的策略梯度算法（PGPE 算法）[9]。PGPE 算法的基本思想是使用确定性策略，通过从策略参数的先验分布中随机采样参数来引入探索性。更具体地说，在每个路径的起点从策略参数的先验分布中采样策略参数，然后控制器是确定性的。由于采用的这种基于轨迹的参数探索模式，PGPE 算法中的梯度估计的方差不会因轨迹长度 T 的增加而增大[19]。

PGPE 算法中的确定性策略通常采用线性架构：$\alpha = \boldsymbol{\theta}^{\mathrm{T}}\boldsymbol{\varphi}(s)$，其中 $\boldsymbol{\varphi}(s)$ 是一个维度为 l 的基函数向量，T 表示矩阵转置。策略参数 $\boldsymbol{\theta}$ 是从具有超参数 $\boldsymbol{\rho}$ 的策略参数的先验分布 $p(\boldsymbol{\theta} \mid \boldsymbol{\rho})$ 中采样得到的。

PGPE 算法中的期望回报是关于超参数 $\boldsymbol{\rho}$ 的函数：$J(\boldsymbol{\rho}) = \mathbb{E}_{\rho}[R(h)]$，其中 $\mathbb{E}_{\rho}$ 表示关于 $p(h,\boldsymbol{\theta}|\boldsymbol{\rho}) = p(h \mid \boldsymbol{\theta})p(\boldsymbol{\theta} \mid \boldsymbol{\rho})$ 的期望值。在 PGPE 算法中，为了使 $J(\boldsymbol{\rho})$ 最大化，对超参数 $\boldsymbol{\rho}$ 进行了优化，即最优超参数 $\boldsymbol{\rho}^*$ 由 $\boldsymbol{\rho}^* = \arg\max_{\rho} J(\boldsymbol{\rho})$ 给出。我们使用梯度上升的方法求解最优值 $\boldsymbol{\rho}^*: \boldsymbol{\rho} \leftarrow \boldsymbol{\rho} + \varepsilon\nabla_{\rho}J(\boldsymbol{\rho})$，其中，期望回报相对于 $\boldsymbol{\rho}$ 的梯度是：

$$\nabla_{\rho}J(\boldsymbol{\rho}) = \mathbb{E}_{\rho}[R(h)\nabla_{\rho}\log p(\boldsymbol{\theta}|\boldsymbol{\rho})] \tag{5-1}$$

为估计上述期望值，需要从当前迭代中收集样本：$D = \{(\boldsymbol{\theta}_n, h_n)\}_{n=1}^{N}$，其中每个样本轨迹 h 独立于 $p(h \mid \boldsymbol{\theta}_n)$，并且参数 $\boldsymbol{\theta}_n$ 来自 $p(\boldsymbol{\theta}_n|\boldsymbol{\rho})$。期望回报的梯度值可以通过收集样本 D，利用

$$\nabla_{\rho}\hat{J}(\boldsymbol{\rho}) = \frac{1}{N}\sum_{n=1}^{N}\nabla_{\rho}\log p(\boldsymbol{\theta}_n|\boldsymbol{\rho})R(h_n) \tag{5-2}$$

估算。

为了进一步稳定梯度估计，我们通过直接使用策略梯度的方差作为正则化项来抑制梯度估计方差。基于此思想，在上述 PGPE 算法框架下，我们将梯度估计的方差作为目标函数的正则项，目标函数修正为：

$$\Phi(\boldsymbol{\rho}) = J(\boldsymbol{\rho}) - \lambda V(\boldsymbol{\rho})$$

其中，$V(\boldsymbol{\rho}) = \mathrm{Var}_{\rho}[R(h)\nabla_{\rho}\log p(\boldsymbol{\theta}|\boldsymbol{\rho})]$，$\mathrm{Var}_{\rho}$ 表示协方差矩阵的迹，即对于多维随机变量 $\boldsymbol{A} = (A_1,\cdots,A_l)^{\mathrm{T}}$，其方差可表示为：

$$\begin{aligned}\mathrm{Var}_{\rho}[\boldsymbol{A}] &= \mathrm{tr}(\mathbb{E}_{\rho}[(\boldsymbol{A} - \mathbb{E}_{\rho}[\boldsymbol{A}])(\boldsymbol{A} - \mathbb{E}_{\rho}[\boldsymbol{A}])^{\mathrm{T}}]) \\ &= \sum_{i=1}^{l}\mathbb{E}_{\rho}[(A_i - \mathbb{E}_{\rho}[A_i])^2]\end{aligned} \tag{5-3}$$

根据式（5-3），梯度估计的方差可以表示为：

$$\begin{aligned}V(\boldsymbol{\rho}) &= \mathrm{Var}_{p(\boldsymbol{h},\boldsymbol{\theta}|\boldsymbol{\rho})}[R(h)\nabla_{\rho}\log p(\boldsymbol{\theta}|\boldsymbol{\rho})]\\&=\sum_{i=1}^{l}\mathbb{E}_{\boldsymbol{\rho}}[(R(h)\nabla_{\rho_i}\log p(\boldsymbol{\theta}|\boldsymbol{\rho}))^2]-\sum_{i=1}^{l}(\mathbb{E}_{\boldsymbol{\rho}}[R(h)\nabla_{\rho_i}\log p(\boldsymbol{\theta}|\boldsymbol{\rho})])^2\\&=\sum_{i=1}^{l}\mathbb{E}_{\boldsymbol{\rho}}[(R(h)\nabla_{\rho_i}\log p(\boldsymbol{\theta}|\boldsymbol{\rho}))^2]-\sum_{i=1}^{l}(\nabla_{\rho_i}J(\boldsymbol{\rho}))^2\end{aligned}$$

为了使 $\Phi(\boldsymbol{\rho})$ 最大化，对超参数 $\boldsymbol{\rho}$ 进行优化，即最优超参数 $\boldsymbol{\rho}^*$ 由 $\boldsymbol{\rho}^*=\arg\max_{\rho}\Phi(\boldsymbol{\rho})$给出。与 PGPE 算法相同，梯度更新规则如下：

$$\boldsymbol{\rho}\leftarrow\boldsymbol{\rho}+\varepsilon\nabla_{\rho}\Phi(\boldsymbol{\rho})$$

5.2.2 梯度计算方法

上述超参数优化 $\boldsymbol{\rho}$ 的核心问题在于目标函数的梯度：

$$\nabla_{\boldsymbol{\rho}}\Phi(\boldsymbol{\rho})=\nabla_{\boldsymbol{\rho}}J(\boldsymbol{\rho})-\lambda\nabla_{\boldsymbol{\rho}}V(\boldsymbol{\rho})$$

$V(\boldsymbol{\rho})$ 相对于 $\boldsymbol{\rho}$ 的梯度可表示为向量形式 $\nabla_{\boldsymbol{\rho}}V(\boldsymbol{\rho})=(\nabla_{\rho_1}V(\boldsymbol{\rho}),\cdots,\nabla_{\rho l}V(\boldsymbol{\rho}))^{\mathrm{T}}$，下面，我们导出方差正则化项的第 i 个元素：

$$\begin{aligned}&\nabla_{\rho_i}V(\boldsymbol{\rho})\\&=\nabla_{\rho_i}\{\mathbb{E}_{\boldsymbol{\rho}}[(R(h)\nabla_{\rho_i}\log p(\boldsymbol{\theta}|\boldsymbol{\rho}))^2]-(\nabla_{\rho_i}J(\boldsymbol{\rho}))^2\}\\&=\nabla_{\rho_i}\iint(R(h))^2(\nabla_{\rho_i}\log p(\boldsymbol{\theta}|\boldsymbol{\rho}))^2p(h,\theta_i|\rho_i)\mathrm{d}h\mathrm{d}\theta_i-\nabla_{\rho_i}(\nabla_{\rho_i}J(\boldsymbol{\rho}))^2\\&=\iint(R(h))^2[2\nabla_{\rho_i}\log p(\boldsymbol{\theta}|\boldsymbol{\rho})\nabla_{\rho_i}^2\log p(\boldsymbol{\theta}|\boldsymbol{\rho})p(h,\theta_i|\rho_i)+(\nabla_{\rho_i}\log p(\boldsymbol{\theta}|\boldsymbol{\rho}))^3p(h,\theta_i|\rho_i)]\mathrm{d}h\mathrm{d}\theta_i\\&\quad-2\nabla_{\rho_i}J(\boldsymbol{\rho})\nabla_{\rho_i}^2J(\boldsymbol{\rho})\\&=\mathbb{E}_{\rho_i}[(R(h))^2((\nabla_{\rho_i}\log p(\boldsymbol{\theta}|\boldsymbol{\rho}))^3+2\nabla_{\rho_i}\log p(\boldsymbol{\theta}|\boldsymbol{\rho})\nabla_{\rho_i}^2\log p(\boldsymbol{\theta}|\boldsymbol{\rho}))]-2\nabla_{\rho_i}J(\boldsymbol{\rho})\nabla_{\rho_i}^2J(\boldsymbol{\rho})\end{aligned}$$

式中，$\nabla_{\rho_i}J(\boldsymbol{\rho})$ 是期望回报相对于 ρ_i 的梯度：

$$\nabla_{\rho_i}J(\boldsymbol{\rho})=\mathbb{E}_{\boldsymbol{\rho}}[\nabla_{\rho_i}\log p(\boldsymbol{\theta}|\boldsymbol{\rho})R(h)]\tag{5-4}$$

$\nabla_{\rho_i}^2$ 是期望回报相对于 ρ_i 的二阶导数，由

$$\nabla_{\rho_i}^2J(\boldsymbol{\rho})=\mathbb{E}_{\boldsymbol{\rho}}[R(h)((\nabla_{\rho_i}\log p(\boldsymbol{\theta}|\boldsymbol{\rho}))^2+\nabla_{\rho_i}^2\log p(\boldsymbol{\theta}|\boldsymbol{\rho}))]\tag{5-5}$$

给出，其中 $\nabla_{\rho_i}^2\log p(\boldsymbol{\theta}|\boldsymbol{\rho})$ 是 $\log p(\boldsymbol{\theta}|\boldsymbol{\rho})$ 对 ρ_i 的二阶导数。

最后，利用收集样本 D 对梯度进行估计，其经验值如下：

$$\nabla_{\rho_i}\hat{\Phi}(\boldsymbol{\rho})=\nabla_{\rho_i}\hat{J}(\boldsymbol{\rho})-\lambda\nabla_{\rho_i}\hat{V}(\boldsymbol{\rho})$$

其中，

$$\nabla_{\rho_i}\hat{V}(\boldsymbol{\rho})=\frac{1}{N}\sum_{n=1}^{N}[(R(h_n))^2((\nabla_{\rho_i}\log p(\boldsymbol{\theta}_n|\boldsymbol{\rho}))^3)+2\nabla_{\rho_i}logp(\boldsymbol{\theta}_n|\boldsymbol{\rho})\nabla^2_{\rho_i}\log p(\boldsymbol{\theta}_n|\boldsymbol{\rho})]-2\nabla_{\rho_i}\hat{J}(\boldsymbol{\rho})\nabla^2_{\rho_i}\hat{J}(\boldsymbol{\rho})$$

$$\nabla_{\rho_i}\hat{J}(\boldsymbol{\rho})=\frac{1}{N}\sum_{n=1}^{N}R(h_n)\nabla_{\rho_i}\log p(\boldsymbol{\theta}_n|\boldsymbol{\rho})$$

$$\nabla^2_{\rho_i}\hat{J}(\boldsymbol{\rho})=\frac{1}{N}\sum_{n=1}^{N}R(h_n)[(\nabla_{\rho_i}\log p(\boldsymbol{\theta}_n|\boldsymbol{\rho}))^2+\nabla^2_{\rho_i}\log p(\boldsymbol{\theta}_n|\boldsymbol{\rho})]$$

在原始 PGPE 算法中，采用具有超参数 $\boldsymbol{\rho}=(\boldsymbol{\eta},\boldsymbol{\tau})$ 的高斯分布作为策略参数的先验分布[9]，其中 $\boldsymbol{\eta}$ 是均值向量，$\boldsymbol{\tau}$ 是标准差向量，策略参数 θ_i 的分布为：

$$p(\boldsymbol{\theta}_i|\boldsymbol{\rho}_i)=\frac{1}{\tau_i\sqrt{2\pi}}\exp\left(-\frac{(\theta_i-\eta_i)^2}{2\tau_i^2}\right) \tag{5-6}$$

$\log p(\boldsymbol{\theta}\,|\,\boldsymbol{\rho})$ 对 η_i 和 τ_i 的导数如下：

$$\nabla_{\eta_i}\log p(\boldsymbol{\theta}|\boldsymbol{\rho})=\frac{\theta_i-\eta_i}{\tau_i^2}$$

$$\nabla_{\tau_i}\log p(\boldsymbol{\theta}|\boldsymbol{\rho})=\frac{(\theta_i-\eta_i)^2-\tau_i^2}{\tau_i^3}$$

$\log p(\boldsymbol{\theta}|\boldsymbol{\rho})$ 对 η_i 和 τ_i 二阶导数为：

$$\nabla^2_{\eta_i}\log p(\boldsymbol{\theta}|\boldsymbol{\rho})=-\frac{1}{\tau_i^2}$$

$$\nabla^2_{\tau_i}\log p(\boldsymbol{\theta}|\boldsymbol{\rho})=-\frac{\tau_i^2-3(\theta_i-\eta_i)^2}{\tau_i^4}$$

在实践中，我们可以进一步从 $R(h_n)$ 中减去基线 b，进一步减小梯度估计的方差，以达到最佳性能，这将在下一节中通过示例实验进行验证。

5.3　实验结果

在这一节中，我们通过实验来验证本章提出的正则化策略梯度算法的有效性。

5.3.1　数值示例

首先，我们通过示例性实验来评估我们提出的方差正则化 PGPE 算法。在该实验中，状态空间是一维连续的，初始状态是从标准正态分布中随机选取的。动作空间也是一维连续的。状态转移函数定义为 $s_{t+1} = s_t + a_t + \epsilon$ ，其中噪声 ϵ 服从 $\epsilon \sim N(0, 0.3^2)$ ， $N(\mu, \sigma^2)$ 表示以 μ 为均值，以 σ^2 为方差的高斯分布。奖励函数定义为： $r = \exp\left(-\frac{s^2}{2} - \frac{a^2}{2}\right) + 1$ 。在此数值示例实验中，我们比较了以下 4 种算法：

（1）PGPE 算法：普通 PGPE 算法；

（2）$\mathrm{PGPE_{OB}}$ 算法：具有最优基线的 PGPE 算法；

（3）R - PGPE 算法：方差正则化 PGPE 算法；

（4）R - $\mathrm{PGPE_{OB}}$ 算法：方差正则化 $\mathrm{PGPE_{OB}}$ 算法。

我们对所有方法都使用 $a = \boldsymbol{\theta} s$ 的线性策略。初始的均值参数 $\boldsymbol{\eta}$ 根据标准正态分布随机选取，初始标准差参数 τ 设置为 1。折扣因子设为 $\gamma = 0.99$ ，轨迹长度 T 设为 10。在方差正则化方法（R-PGPE算法和R-$\mathrm{PGPE_{OB}}$算法）中，正则化权重 λ 最初设为 $\lambda_0 = 10^{-5}$ 。如果策略搜索正确进行，则 λ 将增加 10 倍，否则 λ 将减小 10 倍。在策略学习过程中，λ 的范围保持在 $[10^{-8}, 10^{-2}]$ 内。注意，较高的正则化权重会导致下一个迭代的参数更接近当前参数。因此，通过自适应的调整 λ，我们可以将优化控制在策略性能较好的区域附近，或者偏离策略不优的区域。PGPE算法和$\mathrm{PGPE_{OB}}$ 算法的学习率设置为： $\varepsilon = 1/\|\nabla_{\rho}\hat{J}(\boldsymbol{\rho})\|$ ，R-PGPE算法和 R-$\mathrm{PGPE_{OB}}$ 算法的学习率设置为： $\varepsilon = 1/\nabla_{\rho}\hat{\Phi}(\boldsymbol{\rho})$ 。

1）参数更新轨迹

首先，我们研究策略参数在 20 次迭代中是如何变化的。在这里，我们通过设置三个不同的起点来观察三个不同的参数更新轨迹，其中三个不同的初始均值参数分别设置为： $\eta = -1.6$ ， $\eta = -0.8$ 和 $\eta = -0.1$ ，初始标准差参数设置为 $\tau = 1$ 。我们在每次策略更新迭代中收集 N=10 个路径样本。如图 5-1 中所示的轮廓线为回报的等值线，其中最大回报位于中间底部。

从图 5-1（a）来看，原始PGPE 算法不能在 20 次迭代中将参数更新到回报值较大的区域，R-PGPE 算法至少有一条轨迹引导到中间底部，如图 5-1（b）所示，这表明我们提出的方差正则化是有用的。另一方面，从图 5-1（c）可以看出，

PGPE$_{OB}$算法可以找到比较可靠的更新方向，但是会走一些弯路。从图 5-1（d）可以看出，R-PGPE$_{OB}$算法给出了稳定可靠的参数更新方向，其中在 20 次迭代中，3 条轨迹均收敛于中间底部。该结果说明了我们提出的方差正则化与最优基线相结合的方法收敛速度快，参数更新最可靠稳定。

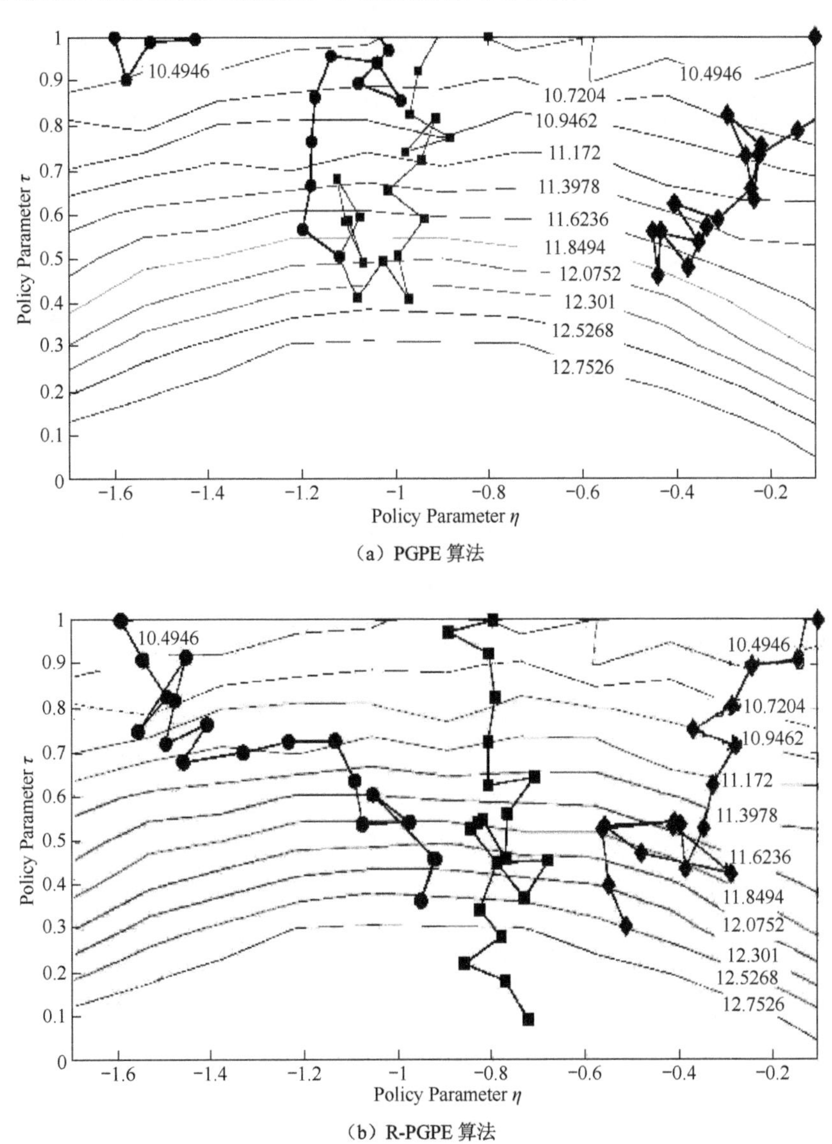

（a）PGPE 算法

（b）R-PGPE 算法

图 5-1　经过 20 次迭代的参数更新轨迹

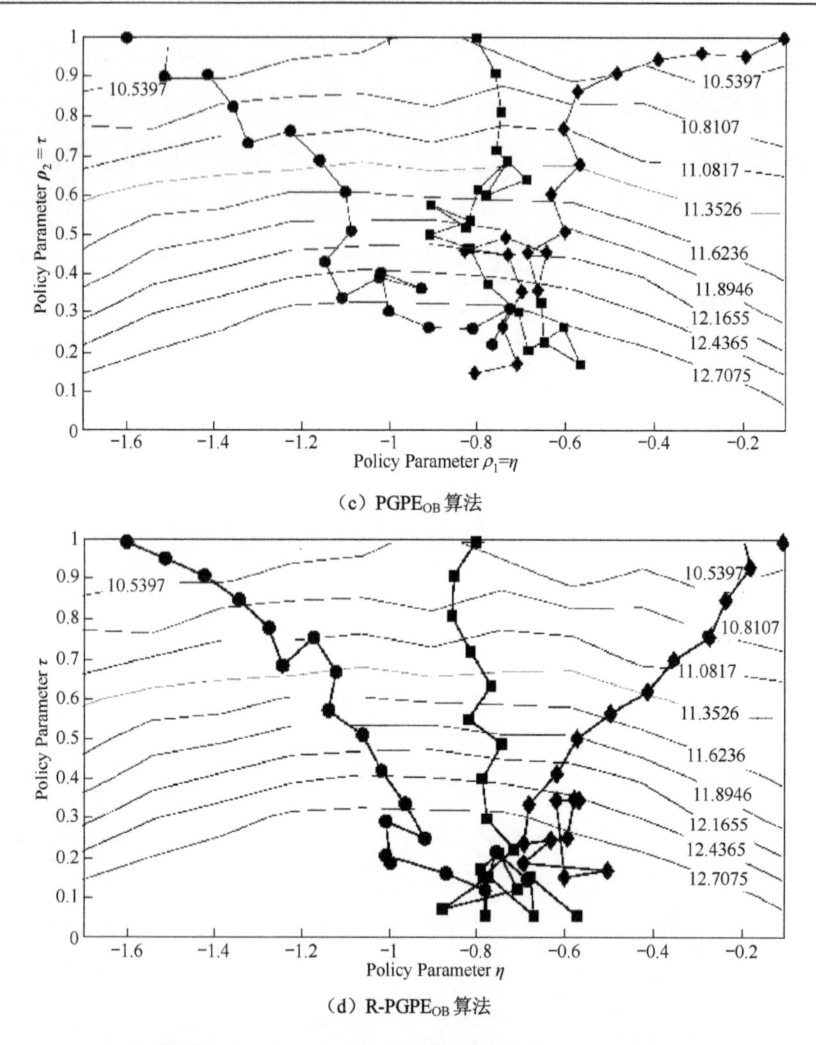

（c）PGPE_{OB} 算法

（d）R-PGPE_{OB} 算法

图 5-1　经过 20 次迭代的参数更新轨迹（续）

2）更新参数评估

接下来，我们通过方差正则化方法和非正则化方法对策略参数进行更新，并对目标函数中的期望回报 $J(\boldsymbol{\rho})$ 和回报的梯度方差 $V(\boldsymbol{\rho})$ 进行分析。在实验中，我们将初始策略参数 $\boldsymbol{\rho}_0$ 固定在三个不同的点：（−1.6,0.5），（−0.8,0.5）和（−0.1,0.5），然后通过一步策略参数更新对 4 种算法进行比较。我们在每次迭代中收集 N=10 个路径样本来估计梯度，然后更新参数，更新后的参数标记为 $\boldsymbol{\rho}_1$。4 种比较算法的一步参数更新结果如图 5-2 所示。

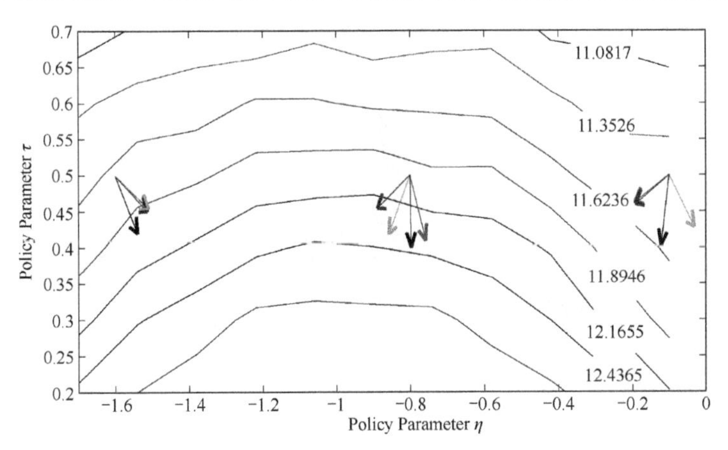

图 5-2　比较四种算法在一步参数更新中的表现：绿色箭头表示 PGPE 算法，黑色箭头表示 R-PGPE 算法，蓝色箭头表示 $\mathrm{PGPE_{OB}}$ 算法，红色箭头表示 R-$\mathrm{PGPE_{OB}}$ 算法

［彩色图见书后彩插］

下面，我们利用更新的参数 $\boldsymbol{\rho}_1$ 收集 100 个新的路径样本，并计算期望回报和其梯度的方差，即 $J(\boldsymbol{\rho}_1)$ 和 $V(\boldsymbol{\rho}_1)$。在 100 次运行中获得了 $J(\boldsymbol{\rho}_1)$ 和 $V(\boldsymbol{\rho}_1)$ 的数值如图 5-3 所示，其中误差线表示标准误差。图 5-3（a）中的结果表明，我们提出的方差正则化方法更新参数后的期望回报大于非正则化方法，即通过 R-$\mathrm{PGPE_{OB}}$ 算法更新得到的 $\boldsymbol{\rho}_1$ 所计算的 $J(\boldsymbol{\rho}_1)$ 比 $\mathrm{PGPE_{OB}}$ 算法大，同样 R-PGPE 算法计算的 $J(\boldsymbol{\rho}_1)$ 比 PGPE 算法要大。另一方面，图 5-3（b）中的结果表明，采用方差正则化方法更新参数后得到的梯度方差 $V(\boldsymbol{\rho}_1)$ 小于非正则化方法。总得来说，本实验表明我们提出的方差正则化方法可以将学习到的参数引导到收益率大但梯度方差小的区域，这与我们的目标是一致的。

3）策略性能

每种方法的性能是通过 20 次运行的平均回报来衡量的。在每次运行中，策略参数将更新 50 次。在每次迭代中，我们收集 N=2 个路径样本来估计目标函数的梯度。每次运行的预期收益都是通过 100 个新采样的测试路径样本（未用于策略学习）计算得出的。结果如图 5-4 所示，表明我们提出的方差正则化方法优于普通方法，即 R-PGPE 算法优于 PGPE 算法，R-$\mathrm{PGPE_{OB}}$ 算法优于 $\mathrm{PGPE_{OB}}$ 算法。$\mathrm{PGPE_{OB}}$ 算法比 PGPE 算法更有效，这说明了最优基线技术的优点。这与 Zhao[19]等人的研究结果完全吻合。将基线减法技术与我们提出的方差正则化相结合，可以获得最佳的性能。

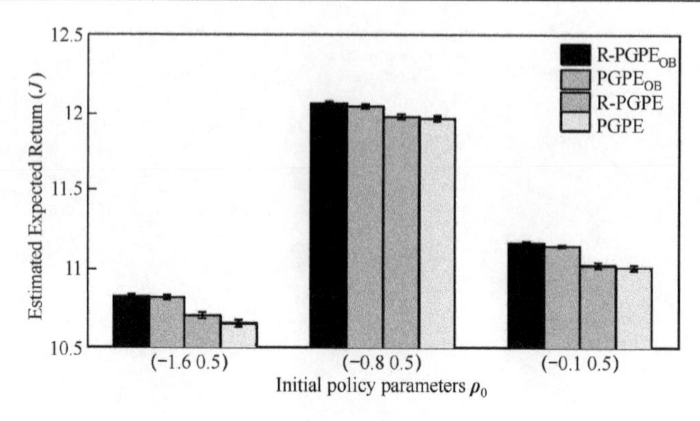

（a）期望回报估计 $J(\boldsymbol{\rho}_1)$

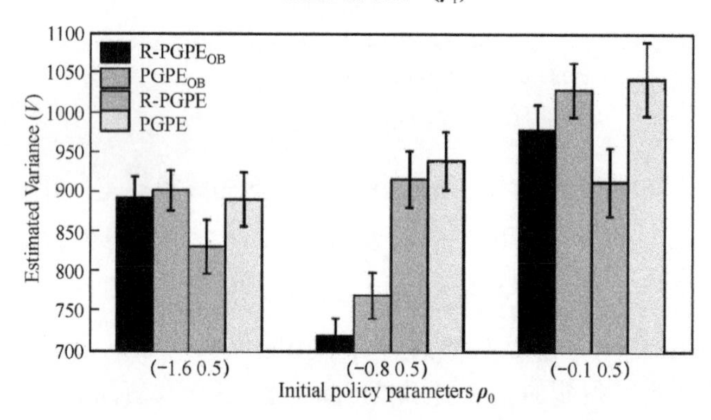

（b）梯度方差估计 $V(\boldsymbol{\rho}_1)$

图 5-3 在 100 次运行中更新后的策略参数的期望回报估计值和策略梯度的估计方差，误差线表示标准误差

［彩色图见书后彩插］

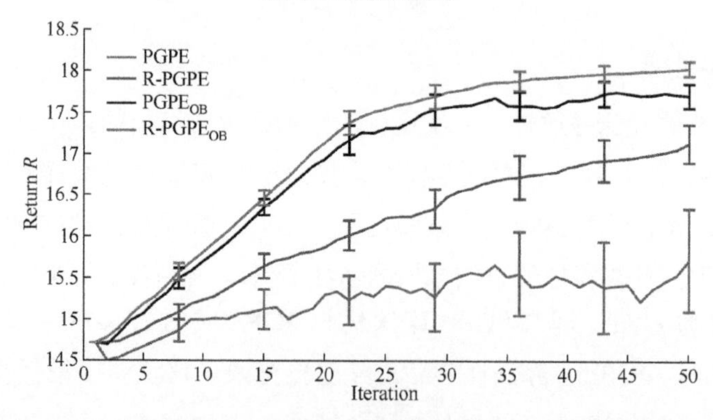

图 5-4 数值示例数据在 20 次实验中获得的平均回报，误差线表示标准误差

［彩色图见书后彩插］

5.3.2 山地车任务

接下来，我们在经典的山地车任务上评估本章提出算法的性能，该任务的目标是引导汽车到达右侧山峰的顶点，这两座小山的景观图可由函数 $\sin(3x)$ 描述。

在山地车任务中，状态空间 S 是二维连续的，由水平位置 $x\in[-1.2,0.5]$ 和速度 $\dot{x}\in[-1.5,1.5]$ 组成，即 $\boldsymbol{s}=(x,\dot{x})^{\mathrm{T}}$，通过基函数向量 $\boldsymbol{\phi}(\boldsymbol{s})$ 将其非线性转换为特征空间。我们用均值为 $\boldsymbol{c}$，方差为单位标准差的 12 个高斯核函数作为基函数，$\boldsymbol{\phi}(\boldsymbol{s})=\exp\left(-\frac{\|\boldsymbol{s}-\boldsymbol{c}\|^2}{2}\right)$，其中内核中心 $\boldsymbol{c}$ 分布在以下网格点上：$\{-1.2,-0.35,0.5\}\times\{-1.5,-0.5,0.5,1.5\}$。动作空间 $\boldsymbol{A}$ 是一维连续的，它对应于施加在汽车上的力。注意，汽车的力不足以爬上斜坡直接到达目的地。汽车的动力学公式为

$$
\begin{aligned}
x_{t+1} &= x_t+\dot{x}_{t+1}\Delta t \\
\dot{x}_{t+1} &= \dot{x}_t+\left(-9.8w\cos(3x_t)+\frac{a_t}{w}-k\dot{x}_t\right)\Delta t
\end{aligned}
$$

其中 a_t 是在时间 t 采取的动作。我们将问题参数设置如下：车辆质量 $w=0.2\text{kg}$，摩擦系数 $k=0.3$，模拟时间步长 $\Delta t=0.1\text{s}$。奖励函数设定为如果达到目标，奖励值为 1，即 $x_{t+1}\geqslant 0.45$；否则，奖励值为−1，具体表示为

$$
r(s_t,a_t,s_{t+1})=\begin{cases}1 & \text{if } x_{t+1}\geqslant 0.45\\ -1 & \text{otherwise}\end{cases}
$$

汽车的初始状态设定在山脚，速度 $\dot{x}=0$，折扣因子 $\gamma=0.95$。

我们再次比较 4 种算法：PGPE 算法、PGPE_{OB} 算法、R-PGPE 算法和 $\text{R-PGPE}_{\text{OB}}$ 算法。正则化参数 λ 初始化为 10^{-6}，其更新方式采取与之前的实验相同的自适应方式。初始先验均值 $\boldsymbol{\eta}$ 的每个元素均按照标准正态分布随机选取，初始先验标准差参数 $\boldsymbol{\tau}$ 均设为 1。PGPE 算法和 PGPE_{OB} 算法的学习效率设为 $\varepsilon=1/\|\nabla_\rho\hat{J}(\rho)\|$，R-PGPE 算法和 $\text{R-PGPE}_{\text{OB}}$ 算法的学习效率设为 $\varepsilon=1/\|\nabla_\rho\hat{\Phi}(\rho)\|$。

我们研究了 20 次实验的平均回报，其中每次实验的回报由 100 个新采样

的测试路径样本计算。在每次实验中，策略参数更新迭代 50 次，智能体在每次迭代中收集 $N=10$，轨迹长度 $T=10$ 的路径样本。

实验结果如图 5-5 所示，表明方差正则化方法始终优于非正则化方法，即 R-PGPE 算法优于 PGPE 算法，R-PGPE$_{OB}$ 算法优于 PGPE$_{OB}$ 算法。基线减法和方差正则化相结合的 R-PGPE$_{OB}$ 算法表现最好，说明我们提出的方差正则化思想具有较好的应用前景。

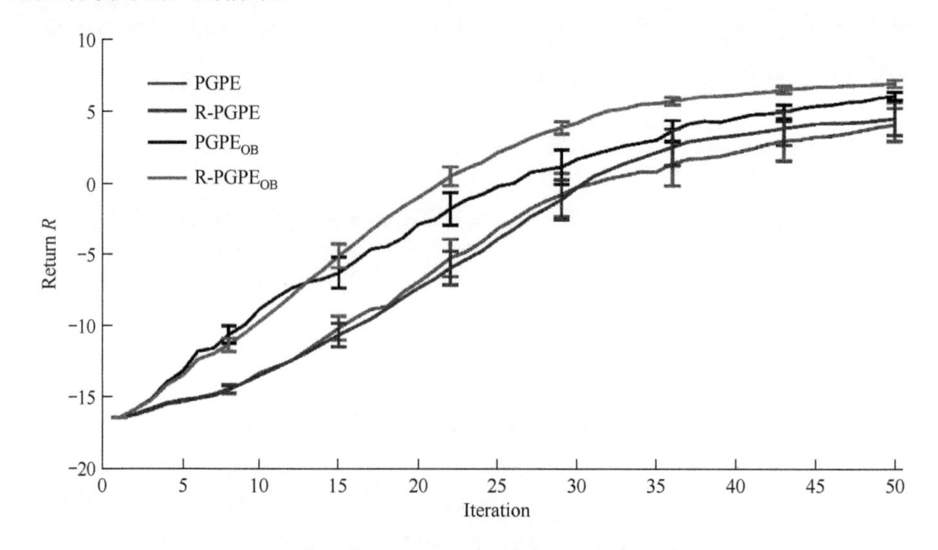

图 5-5　山地车任务运行 20 次的平均回报，误差线表示标准误差

[彩色图见书后彩插]

5.4　总结和讨论

为了提高策略梯度算法的稳定性，本章提出正则化策略梯度算法。通过实验证明，我们提出的将方差正则化思想与最优基线技术应用于基于参数探索的策略梯度算法比非正则化方法的策略更新更可靠。

本章，我们重点研究同策略情景，可将所提出的正则化方法直接扩展到异策略场景下。对本章提出的方差正则化策略梯度方法进行理论分析，特别是在收敛性和样本复杂度方面，对未来的工作具有重要意义。另外，与其他正则化策略梯度方法，如混合时间正则化策略梯度方法[25]的比较和关联也是值得关注的研究方向。

参考文献

[1] Sutton, R. S. , Barto, G. A. . Reinforcement Learning: An Introduction[M]. Cambridge, MA, USA: MIT Press, 1998.

[2] Kaelbling, L. P. , Littman, M. L. , and Moore, A. W. . Reinforcement Learning: A Survey[J]. Journal of Artificial Intelligence Research, 1996, 4:237–285.

[3] Abe, N. , Kowalczyk, M. , Domick, M. , et al. Optimizing Debt Collections Using Constrained Reinforcement Learning[C]. 16th ACM SGKDD Conference on Knowledge Discovery and Data Mining, 2010:75–84.

[4] Tesauro, G. . TD-Gammon, a Self-Teaching Backgammon Program, Achieves Master-Level Play[J]. Neural Computation, 1944, 6(2):215-219.

[5] Lagoudakis, M. G. , Parr, R. . Least-Squares Policy Iteration[J]. Journal of Machine Learning Research, 2003, 4(6):1107-1149.

[6] Abbeel, Coates, A. , Quigley, M. , et al. An application of reinforcement learning to aerobatic helicopter flight[J]. In Advances in Neural Information Processing Systems 19, MIT Press, 2007.

[7] Ng, Y. , Jordan, M. . PEGASUS: A policy search method for large MDPs and POMDPs[C]. In Proceedings of the 16th Conference on Uncertainty in Artificial Intelligence, 2000, 406–415.

[8] Xie, N. , Hachiya, H. , Sugiyama, M. . Artist Agent: A Reinforcement Learning Approach to Automatic Stroke Generation in Oriental Ink Painting[C]. In Proceedings of the 29th International Conference on Machine Learning, 2012.

[9] Sehnke, F. , Osendorfer, C. , Thomas Rückstie, et al. Parameter-exploring policy gradients[J]. Neural Networks, 2010, 23(4):551-559.

[10] Williams, R. J. . Simple Statistical Gradient-following Algorithms for Connectionist Reinforcement Learning[J]. Machine Learning, 1992, 8(3-4):229-256.

[11] Deisenroth, M. P. , Neumann, G. , and Peters, J. R. . A Survey on Policy Search for Robotics[J]. Foundations and Trends in Robotics, 2013, 2(1-2):1–142.

[12] Peters, J. , Schaal, S. . Policy gradient methods for robotics[C]. In Proceedings of the IEEE/RSJ International Conferece on Intelligent Robots and Systems, 2006: 2219–2225.

[13] Sugimoto, N. , Tangkaratt, V. , Wensveen, T. , et al. Efficient reuse of previous experiences in humanoid motor learning[C]. In Proceedings of IEEERAS International Conference on Humanoid Robots (Humanoids2014), 2014:554–559.

[14] Kakade, S. . A Natural Policy Gradient[C]. Advances in Neural Information Processing Systems, 2001:1531–1538.

[15] Peters, J. , Schaal, S. . Natural Actor-Critic[J]. Neurocomputing, 2008, 71(7-9):1180-1190.

[16] Miyamae, A. , Nagata, Y. , Ono, I. , et al. Natural Policy Gradient Methods with Parameter-based Exploration for Control Tasks [C]. In Advances in Neural Information Processing Systems, 2010, 2:437–441.

[17] Greensmith, E. , Bartlett, P. L. , and Baxter, J. . Variance Reduction Techniques for Gradient Estimates in Reinforcement Learning[J]. Journal of Machine Learning Research, 2004, 5:1471–1530.

[18] Weaver, L. , Tao, N. . The Optimal Reward Baseline for Gradient-based Reinforcement Learning[C]. In Processings of the Seventeeth Conference on Uncertainty in Artificial Intelligence, 2001: 538–545.

[19] Zhao, T. , Hachiya, H. , Gang, N. , et al. Analysis and Improvement of Policy Gradient Estimation[J]. Neural Networks, 2012, 26(2):118-129.

[20] Mihatsch, O. , Neuneier, R. . Risk-sensitive Reinforcement Learning[J]. Machine Learning, 2002, 49 (2-3):267–290.

[21] Morimura, T. , Sugiyama, M. , Kashima, H. , et al. Parametric Return Density Estimation for Reinforcement Learning[C]. In Proceedings of the 27th International Conference on Machine Learning, 2010:368–375.

[22] Tamar, A. , Castro, D. , and Mannor, S. . Policy Gradients with Variance Related Risk Criteria[C]. In Proceedings of the 29th International Conference on Machine Learning (ICML-12), 2012:935–942.

[23] Prashanth, L. A. , Ghavamzadeh, M. . Actor-critic Algorithms for Risk-sensitive Mdps[J]. In Advances in Neural Information Processing Systems 26, 2013:252–260.

[24] Tamar, A. , Castro, D. , and Mannor, S. . Temporal Difference Methods for the Variance of the Reward to Go[C]. In Proceedings of the 29th International Conference on Machine Learning (ICML2013), 2013:495–503.

[25] Morimura, T. , Osogami, T. , and Shirai, T. . Mixing-time Regularized Policy Gradient[C]. In Twenty-Eighth AAAI Conference on Artificial Intelligence, 2014.

第 6 章　基于参数探索的策略梯度算法的采样技术

基于参数探索的策略梯度算法（PGPE 算法）是最有效和鲁棒的直接策略搜索算法之一，通过引入最优基线可以使梯度估计的方差最小化，并保证其无偏性，这可以提供更稳定的梯度估计，因此也可以加快收敛速度。然而，面对不对称的奖励分配情况，基于最优基线的方法容易误导参数探索。为了规避上述问题而带来的误导性奖励，本章在不改变总体采样分布的情况下，通过近似变换得到拟对称样本，并利用其对策略梯度进行估计。最后，通过实验我们验证对探索参数进行对称采样方法在所需样本量和稳健性方面也优于原始的采样方法。

6.1　研究背景

传统策略梯度算法中策略梯度估计方差大的原因之一是策略的随机性，PGPE 算法使用确定性策略，通过策略参数的先验概率分布进行探索，这种结构在整个过程只在开始具有随机扰动，可以减小梯度估计的方差，从而得到更可靠的策略梯度估计[1]，其优越性已在文献［1-7］中进行了充分探讨。最优基线技术能够最大程度地降低梯度估计的方差，进一步稳定 PGPE 算法的策略更新[4]。然而，面对严重的非对称奖励分布，使用最优基线技术对比采样样本及基线，将误导参数的进一步探索。通过衡量对称采样样本所取得的奖励差别进行策略梯度估计，可以有效规避非对称奖励分布中的误导性探索问题[1]。

最优基线方法所得梯度估计方差较低，但对于参数探索而言，通过对称采样移除基线能取得更好的性能。然而，由于策略参数中的探索参数的标准差为 0～∞，因此不存在正确的对称样本。为此，本章将展示如何对探索参数进行近似对称采样，具体地，在不改变整体采样分布的情况下，通过近似变化得到拟对称采样样本，从而使得 PGPE 算法基于正态分布的假设依然成立。

对称采样方法不仅在复杂的搜索空间中的样本效率较高，不需要任何基线，而且在更不稳定的搜索空间中表现出更强的鲁棒性。虽然性能和鲁棒性是本章所探讨的对称采样的关键点，但这项工作的初衷是希望避免基线的使用，从而避免收集更多的历史样本。在某些情况下，无基线采样是一种优势，甚至是必要的，具体原因如下。

（1）惰性计算：惰性计算是一种通过只计算问题的子集来减少计算量或时间量的技术，在进化算法中经常被使用[8-10]。奖励/适应范围可以在改变惰性计算的程度，甚至在不同评估子集时发生巨大变化。在使用高度的惰性评估时，由大量过去样本构成的平均基线是毫无用处的。机器人控制领域中有一个很好的例子，就是行走任务。如果机器人的任务是移动一段距离，那么首先评估短时间内的行为非常重要，以便将完全不移动的行为和设法移动一段距离的动作区分开。随着学习进程的继续，评估的时间长度也需要进一步增加，以区分让机器人长时间沿直线移动的动作和机器人沿微小曲线移动的动作或经一段时间后让机器人跌倒的动作（如人形机器人）。我们可以将评估时间内的移动距离作为某种标准化奖励，但在一开始就获得动量的情况下，奖励依然会在不同的评估时间内发生巨大变化，从而受到影响。

（2）运动目标和好奇心：在某些情况下，我们并不是学习一个固定的目标，而是一个不断发展的实体。这种运动目标的一个极端例子是好奇心[11]。所有移动式目标问题的共同点是，目标会随着时间的推移而变化，随之而来的是某些行为的奖励也会发生变化。在这种情况下，在策略梯度算法中使用基线是没有用的。

（3）无成本函数（只有比较运算）：有时会存在一些没有可用的实际奖励

函数的情况，因为此类问题只定义了一个比较运算符。如通过与同一个玩家程序的不同变化形式进行对抗来学习下棋的游戏，就像人工围棋选手的训练问题[12]。在这种情况下，奖励最自然的定义方法就是该方法比其他解决方法更好。尽管可以构造一个奖励函数[13]，但直接比较会更直观。

（4）元参数：由于不断衰减的平均移动基线的阻尼系数或计算最优基线的样本个数比两个步长参数的敏感度更低，PGPE 算法被视为只有两个元参数的算法。随着解决问题的采样复杂度的增加而改变基线参数会在收敛速度上产生重大影响。使用对称采样技术的 PGPE 算法，不存在上述参数问题，因此具有对称采样技术的 PGPE 算法只有 2 个元参数。

在上述情况中，应尽量避免基线技术的使用，而无基线采样是一种较好的选择，在实际应用中可使用本章所讨论的对称采样技术。

本章将根据策略参数和探索参数所采用的不同对称采样方法，将其称为对称采样（SyS）及超对称采样（SupSyS），而使用 SyS 和 SupSyS 的 PGPE 算法变体称为对称 PGPE（SymPGPE）算法及超对称 PGPE（SupSymPGPE）算法。本章首先回顾 PGPE 算法中的基线及最优基线采样，再给出 SymPGPE 算法，并将其继续拓展到 SupSymPGPE 算法，最后演示如何将 SupSyS 应用于多模态 PGPE 算法。通过示例性实验结果证明，如果面临的搜索空间中存在多个局部最优解或由于约束的惩罚项导致的高坡度部分，对称采样在鲁棒性和样本需求方面也要优于原始采样方法。我们还通过实验表明，将带有误导性奖励的 SupSyS 和不带有误导性奖励的最优基线相结合，与完全对称采样方法在性能上几乎没有区别，从而进一步验证了本章关于误导性奖励是造成混淆的主要原因的设想。最后，我们将总结本章内容并针对相关未来工作的开放性问题进行讨论。

6.2　基于参数探索的策略梯度算法中的采样技术

在这一节中，我们首先回顾最优基线采样 PGPE 算法，再定义 SymPGPE 算法，推导 SupSymPGPE 算法。我们展示了如何将标准基线法及最优基线法和对称采样方法相结合。

6.2.1 基线采样

PGPE 算法中策略梯度的经验估计可表示为：

$$\nabla_\rho \hat{J}(\rho) = \frac{1}{N}\sum_{n=1}^{N} \nabla_\rho \log p(\theta^n \mid \rho) R(h^n) \tag{6-1}$$

其中，策略参数$\boldsymbol{\theta}$的先验分布为高斯分布，其由超参数$\boldsymbol{\rho}$控制：$\boldsymbol{\rho} = (\boldsymbol{\eta}, \boldsymbol{\tau})$，其中$\boldsymbol{\eta}$表示均值，$\boldsymbol{\tau}$是标准差。为了得到关于超参数每一个维度$\rho_i$的策略梯度估计，关键在于计算$\log p(\theta_i \mid \rho_i)$关于$\rho_i$的梯度。对于高斯先验分布，关于均值$\eta_i$与方差$\tau_i$的导数的解析式如下：

$$\nabla_{\eta_i} \log p(\theta \mid \rho) = \frac{\theta_i - \eta_i}{\tau_i^2} \tag{6-2}$$

$$\nabla_{\tau_i} \log p(\theta \mid \rho) = \frac{(\theta_i - \eta_i)^2 - \tau_i^2}{\tau_i^3}$$

由此，可得 PGPE 算法的策略梯度经验估计。

当给出足够的样本时，PGPE 算法的梯度估计值将足够准确。然而，每个路径样本都需要推出完整的状态–动作历史，这样的采样成本无疑是很昂贵的。根据文献［13］，我们通过绘制单个样本 $\boldsymbol{\theta}$ 并将其回报R与给定的基线奖励 b 进行比较，例如，相对于先前样本的移动平均值，从而获得了更方便，成本较低的梯度估计。直观地说，如果$R>b$，我们调整$\boldsymbol{\rho}$以增加$\boldsymbol{\theta}$的概率，如果$R<b$，我们就做相反的事情。具有比较基线的 PGPE 算法梯度估计可由下式进行估算：

$$\nabla_\rho \widehat{J^b}(\rho) = \frac{1}{N}\sum_{n=1}^{N}(R(h^n) - b)\nabla_\rho \log p(\theta^n \mid \rho)$$

如果我们在正梯度方向上使用步长$\alpha_i = \alpha\tau_i^2$（其中$\alpha$是常数），则参数的更新值计算如下：

$$\Delta\eta_i = \alpha(R-b)(\theta_i - \eta_i)$$

$$\Delta\tau_i = \alpha(R-b)\frac{(\theta_i - \eta_i)^2 - \tau_i^2}{\tau_i}$$

通常，基线b的实现方式是平均基线的衰减或移动形式：

$$b(n) = \gamma R(h^{n-1}) + (1-\gamma) b(n-1)$$

或

$$b(n) = \sum_{n=N-m}^{N} R(h^n) / m$$

移动平均基线有助于降低梯度估计的方差。然而，文献[14]表明移动平均基线不是最优的解决方法，最优基线是对于基线的梯度估计方差的最小化。

6.2.2　最优基线采样

最优基线是对于基线的梯度估计方差的最小化。PGPE 算法的最优基线及其理论性质如下。

定理 6.1. PGPE 算法的最优基线被定义为：

$$b^* = \frac{\mathbb{E}[R(h) \| \nabla_\rho \log p(\boldsymbol{\theta} \mid \boldsymbol{\rho}) \|^2]}{\mathbb{E}[\| \nabla_\rho \log p(\boldsymbol{\theta} \mid \boldsymbol{\rho}) \|^2]}$$

并且基线 b 的过量方差定义为：

$$\mathrm{Var}[\nabla_\rho \widehat{J^b}(\boldsymbol{\rho})] - \mathrm{Var}[\nabla_\rho \widehat{J^{b^*}}(\boldsymbol{\rho})] = \frac{(b-b^*)^2}{N} [\| \nabla_\rho \log p(\boldsymbol{\theta} \mid \boldsymbol{\rho}) \|^2]$$

上述定理给出了 PGPE 算法最优基线的解析表达式。当期望回报 $R(h)$和特征有效值的平方范数$\| \nabla_\rho \log p(\boldsymbol{\theta} \mid \boldsymbol{\rho}) \|^2$ 彼此独立时，最优基线被简化为平均预期奖励 $\mathbb{E}[R(h)]$。然而，最优基线通常不同于平均预期奖励。因此，使用平均预期奖励作为基线将导致过量方差。上述定理还表明，过量方差与基线的平方差 $(b-b^*)^2$ 以及特征有效值的期望平方范数 $\mathbb{E}[\| \nabla_\rho \log p(\boldsymbol{\theta} \mid \boldsymbol{\rho}) \|^2]$ 成正比，与样本量 N 成反比。

6.2.3　对称采样

尽管在大多数情况下，使用基线采样技术是有效且合理的，但它也存有一定局限性，特别是当奖励分配严重偏斜时，样本奖励与基准之间的比较会产生误差[1]。通过测量当前均值两侧的两个对称样本之间的奖励差异，可以找到更鲁棒的近似梯度值。因此，我们从分布$\mathcal{N}(0,\tau)$中选取一个扰动样本$\boldsymbol{\varepsilon}$，然后创建对称的参数样本$\boldsymbol{\theta}^{+}=\boldsymbol{\eta}+\boldsymbol{\varepsilon}$和$\boldsymbol{\theta}^{-}=\boldsymbol{\eta}-\boldsymbol{\varepsilon}$。定义$R^{+}$为$\boldsymbol{\theta}^{+}$生成路径的累积奖励，$R^{-}$为$\boldsymbol{\theta}^{-}$生成路径的累积奖励。将这两个样本代入式（6-1）中，并利用式（6-2）获得：

$$\nabla_{\eta_i} J(\rho) \approx \frac{\varepsilon_i(R^{+}-R^{-})}{2\tau_i^2}$$

它类似于有限差分法中使用的中心差分近似。并使用与 6.2.1 节相同的步长为$\boldsymbol{\eta}$进行更新，公式如下：

$$\Delta\eta_i = \frac{\alpha\varepsilon_i(R^{+}-R^{-})}{2} \tag{6-3}$$

对于参数中标准差$\boldsymbol{\tau}$的更新更为复杂。由于$\boldsymbol{\theta}^{+}$和$\boldsymbol{\theta}^{-}$在给定$\boldsymbol{\tau}$下的概率相同，因此它们之间的差异不能用于估计$\boldsymbol{\tau}$的梯度。因此，我们取两个奖励的平均值$\frac{(R^{+}-R^{-})}{2}$来代替它，并将其与基线奖励 b 进行比较，这种方法得出的结果为：

$$\Delta\tau_i = \alpha\left(\frac{R^{+}-R^{-}}{2}-b\right)\left(\frac{\varepsilon_i^{\,2}-\tau_i^{\,2}}{\tau_i}\right) \tag{6-4}$$

与 6.2.2 节的方法相比，对称采样消除了误导性基线的问题，从而改善了$\boldsymbol{\eta}$的梯度估计。由于两个样本在当前分布下具有相同的可能性，因此它还改善了$\boldsymbol{\tau}$梯度估计，它们互为补充，来预测$\boldsymbol{\tau}$的变化。即使对称采样在每次更新时需要两倍的历史路径数据，但我们的实验也显示出它在收敛性和时间上有相当大的改善。

最后，我们通过引入归一化项来使步长大小独立于（可能未知的）奖励尺度。令 m 为智能体可能接收的最大累积奖励（如果已知），或为迄今所获得的最大累积奖励（如果未知）。我们通过除以 m 和对称样本的平均回报之差来归一化更新$\boldsymbol{\eta}$，并通过除以 m 和基线 b 之差对$\boldsymbol{\tau}$进行归一化更新。由这种方式可得

$$\Delta\eta_i = \frac{\alpha\varepsilon_i(R^{+}-R^{-})}{2m-R^{+}-R^{-}}，\quad \Delta\tau_i = \frac{\alpha}{m-b}\left(\frac{rR^{+}-rR^{-}}{2}-b\right)\left(\frac{\varepsilon_i^{\,2}-\tau_i^{\,2}}{\tau_i}\right)$$

算法 6-1 提供了 SymPGPE 算法的伪代码。

算法 6-1. SymPGPE 算法：$\boldsymbol{s}$ 是 P 大小的矢量，其中 P 是参数的数量。每步后都会相应地更新基线。α 为学习率或步长。

将 $\boldsymbol{\eta}$ 初始化为 η_{init}

将 $\boldsymbol{\tau}$ 初始化为 τ_{init}

while 循环：如果为真 则

　　绘制扰动 $\boldsymbol{\varepsilon} \sim \mathcal{N}(0, \boldsymbol{I}\boldsymbol{\tau}^2)$

　　$\boldsymbol{\theta}^+ = \boldsymbol{\eta} + \boldsymbol{\varepsilon}$

　　$\boldsymbol{\theta}^- = \boldsymbol{\eta} - \boldsymbol{\varepsilon}$

　　估值 $R^+ = R(h(\boldsymbol{\theta}^+))$

　　估值 $R^- = R(h(\boldsymbol{\theta}^-))$

　　$m = \max(R, m)$

　　相应地更新基线 b

　　$\boldsymbol{s} = [s_i]_i$ 其中 $s_i = \dfrac{(\varepsilon_i)^2 - \tau_i^2}{\tau_i}$

$$R_\eta = \frac{(R^+ - R^-)}{2m - R^+ - R^-}$$

$$R_\tau = \frac{R^+ + R^- - 2b}{2(m - b)}$$

　　更新 $\eta = \eta + \alpha R_\eta \boldsymbol{\varepsilon}$

　　if 判断：如果 $R_\tau \geqslant 0$，则

　　　　$\boldsymbol{\tau} = \boldsymbol{\tau} + \alpha R_{\boldsymbol{\tau}} \boldsymbol{s}$

　　结束 **if** 判断

结束 **while** 循环

6.2.4　超对称采样

对称采样虽然消除了 $\boldsymbol{\eta}$ 梯度估计的误导性基线问题，但 $\boldsymbol{\tau}$ 梯度仍然使用基线方法并容易出现误导性问题。另一方面，没有关于标准差的正确对称样本，因为标准差在负数一侧有界趋向于 0，而在正数一侧无界。另一个问题是，2/3

的样本在标准差的一侧，而只有 1/3 的样本在标准差的另一侧。因此，如果以某种方式将这 1/3 的样本镜像到标准差的另一侧，会使正态分布发生巨大的变化，以至于它将不再是一个足够接近以 PGPE 算法更新参数的假设。

因此，我们选择通过均值和中位差 $\boldsymbol{\varphi}$ 来重新定义正态分布。由于正态分布的良好特性，中位差 $\boldsymbol{\varphi}$ 被简单定义为：$\boldsymbol{\varphi} = 0.67449\boldsymbol{\tau}$ 。我们可以从新定义的正态分布中提取样本：$\boldsymbol{\varepsilon} \sim \mathcal{N}_m(0,\boldsymbol{\varphi})$。

中位差的构造使得两侧具有相等数量的样本，因此解决了镜像样本的对称性问题。当更新参数时，式（6-3）保持不变，而式（6-4）仅按 1 /0.67449 缩放（由于 $\boldsymbol{\varphi}$ 通过 $\boldsymbol{\tau}$ 转换的因素），它可以在 α_T 中进行替换。

虽然使用中位差（尽管 α_T 较大）的正态分布进行采样，更新规则保持不变，但中位差仍只在一侧上有界，因此无法通过减法将样本简单地转移到另一侧。将每个样本转移到中位差另一侧样本的第一近似值是指数：

$$\varepsilon_i^* = \varphi_i \mathrm{sign}(\varepsilon_i) \mathrm{e}^{\frac{\varphi_i - |\varepsilon_i|}{\varphi_i}}$$

这种镜像分布的标准差是原始标准差的 0.908 倍，如图 6-1（红色曲线）所示。

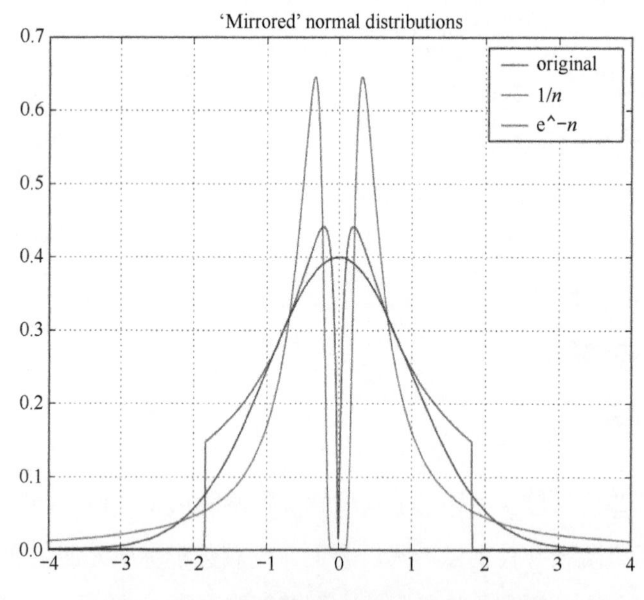

图 6-1 正态分布和镜像分布的两个一次近似

［彩色图见书后彩插］

该分布在两边都是有界的，既不是绝对 0，也不是无穷大，因此是一个数值稳定的变换。由于近似分布标准差较小，因此收敛过程偏向于较小的 $\boldsymbol{\tau}$，这对于 $\boldsymbol{\tau}$ 更新步长较大且收敛速度较快时并非是重要问题。然而，如果算法在较小的步长下收敛，则偏差问题较明显。

为了得到更通用的方法，需要使用更接近的近似方式。由于镜像不能以封闭形式求解，我们求助于可以转化为无穷级数的多项式近似方法。具体地，我们通过以下方式找到了镜像采样的更优近似值：

$$a_i = \frac{\varphi_i - |\varepsilon_i|}{\varphi_i}, \varepsilon_i^* = \mathrm{sign}(\varepsilon_i)\varphi_i \begin{cases} \mathrm{e}^{c_1 \frac{|a_i|^3 - |a_i|}{\log(|a_i|)} + c_2 |a_i|} & \text{if } a_i \leqslant 0 \\ \mathrm{e}^{a_i} / (1 - a_i^3)^{c_3 a_i} & \text{if } a_i > 0 \end{cases} \quad (6\text{-}5)$$

其中 c_1=−0.06655，c_2=−0.9706，c_3=0.124。该镜像分布的标准差是原始标准偏差的 1.002 倍，如图 6-2 所示。图 6-3 展示了生成准对称样本时彼此映射的样本区域。

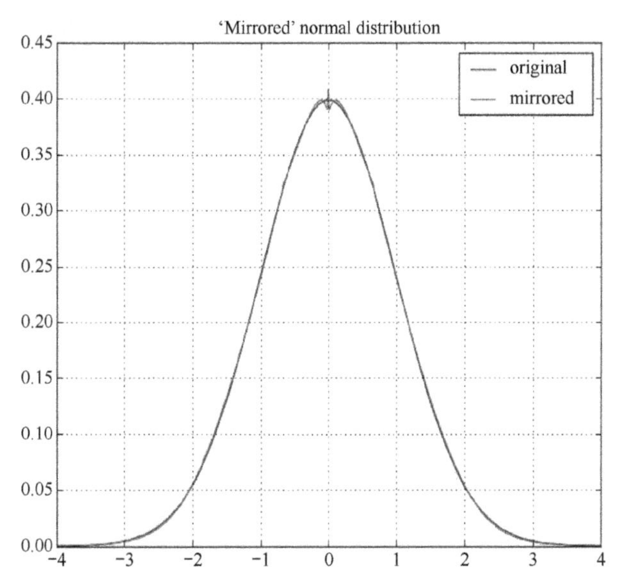

图 6-2　正态分布和镜像分布的最终近似

［彩色图见书后彩插］

除关于均值假设的对称样本外，我们还可以产生关于中位差的两个准对称样本。我们将这组四个样本命名为超级对称样本（SupSyS 样本）。它们允许完全无基线的更新规则，不仅适用于$\boldsymbol{\eta}$更新，也适用于$\boldsymbol{\tau}$更新。

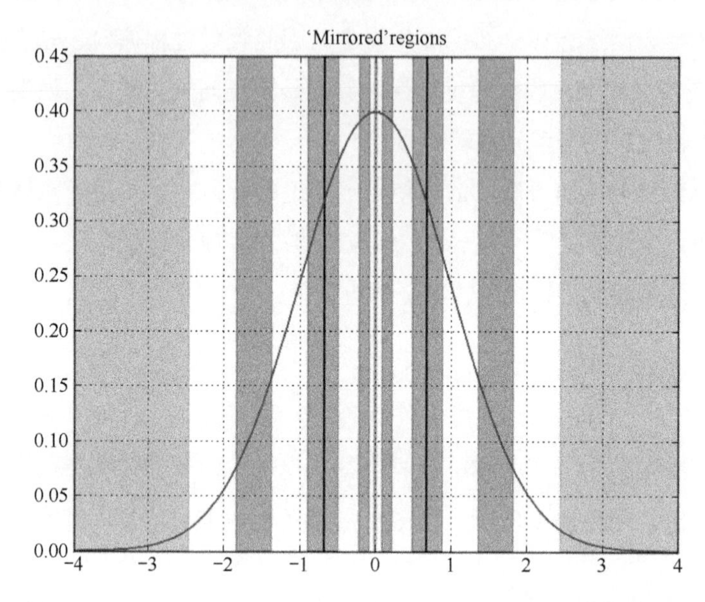

图 6-3　正态分布和通过中位差反射另一侧样本而相互映射的区域

因此，两个对称样本对被用于根据式（6-3）来更新$\boldsymbol{\eta}$。通过使用每个对称样本对的平均奖励的类似的方式更新$\boldsymbol{\tau}$，其中R^{++}是原始对称样本对的平均奖励，R^{--}是镜像样本对的平均奖励。根据$\boldsymbol{\tau}$更新的 SupSyS 更新规则如下：

$$\Delta\tau_i = \frac{\alpha \dfrac{\varepsilon_i^2 - \tau_i^2}{\tau_i}(R^{++} - R^{--})}{2} \tag{6-6}$$

由于探索参数的镜像不是线性的，如果$\boldsymbol{\tau}$向ε_i^*趋近，则式（6-6）将变得不准确。因此，我们将$\boldsymbol{\tau}$更新规则分成两种情况：

$$\boldsymbol{\varepsilon}^{\tau} = \begin{cases} \boldsymbol{\varepsilon} & \text{if } (R^{++} - R^{--}) \geqslant 0 \\ \boldsymbol{\varepsilon}^* & \text{if } (R^{++} - R^{--}) < 0 \end{cases} \tag{6-7}$$

式（6-6）变为：

$$\Delta\tau_i = \frac{\alpha_{\tau} \dfrac{\varepsilon_i^{\tau 2} - \tau_i^2}{\tau_i} | R^{++} - R^{--} |}{2}$$

SupSymPGPE 算法如算法 6-2 所示。

算法 6-2. SupSymPGPE 算法：$\boldsymbol{T}$ 是一个 $2\times P$ 的矩阵，$\boldsymbol{s}$ 是一个大小为 P 的向量，P 是参数的个数。α 是学习率或步长。

将 $\boldsymbol{\eta}$ 初始化为 η_{init}

将 $\boldsymbol{\tau}$ 初始化为 τ_{init}

while 循环：如果为真 则

　　绘制扰动 $\boldsymbol{\varepsilon} \sim \mathcal{N}(0, \boldsymbol{I\tau}^2)$

　　通过镜像 $\boldsymbol{\varepsilon}$ 生成 $\boldsymbol{\varepsilon}^*$

　　$\boldsymbol{\theta}^1 = \boldsymbol{\eta} + \boldsymbol{\varepsilon}$

　　$\boldsymbol{\theta}^2 = \boldsymbol{\eta} - \boldsymbol{\varepsilon}$

　　$\boldsymbol{\theta}^3 = \boldsymbol{\eta} + \boldsymbol{\varepsilon}^*$

　　$\boldsymbol{\theta}^4 = \boldsymbol{\eta} - \boldsymbol{\varepsilon}^*$

　　估值 R^1 到 $R^4 = R(h(\boldsymbol{\theta}^1))$ 到 $R(h(\boldsymbol{\theta}^4))$

　　$m = \max(R, m)$

　　$\boldsymbol{T} = [\begin{matrix}\boldsymbol{\varepsilon} \\ \boldsymbol{\varepsilon}^*\end{matrix}]$

　　if 结构：如果 $R^1 + R^2 \geqslant R^3 + R^4$，则

$$\boldsymbol{s} = [s_i]_i \text{ 其中 } s_i = \frac{\varepsilon_i^2 - \tau_i^2}{\tau_i}$$

　　else 结构：

$$\boldsymbol{s} = [s_i]_i \text{ 其中 } s_i = \frac{\varepsilon_i^{*2} - \tau_i^2}{\tau_i}$$

　　结束 if 结构

$$\boldsymbol{R}_\eta = [\frac{(R^1 - R^2)}{2m - R^1 - R^2}, \frac{(R^3 - R^4)}{2m - R^3 - R^4}]$$

$$\boldsymbol{R}_\tau = \frac{(R^1 + R^2) - (R^3 + R^4)}{4m - R^1 - R^2 - R^3 - R^4}$$

　　更新 $\boldsymbol{\eta} = \boldsymbol{\eta} + \alpha \boldsymbol{R}_\eta \boldsymbol{T}$

　　更新 $\boldsymbol{\tau} = \boldsymbol{\tau} + \alpha \boldsymbol{R}_\tau \boldsymbol{s}$

结束 **while** 循环

6.2.5 多模态超对称采样

当策略参数$\boldsymbol{\theta}$服从多模态高斯分布时，我们将 PGPE 算法扩展为多模态 PGPE 算法（MultiPGPE 算法）[15]。对于 MultiPGPE 算法，$\boldsymbol{\rho}$ 由一组混合系数$\{\pi_i^k\}$，均值$\{\eta_i^k\}$和标准差$\{\tau_i^k\}$组成，它们为每个策略参数θ_i定义了独立的高斯混合分布：

$$p(\theta_i \mid \rho_i) = \sum_{k=1}^{K} \pi_i^k \mathcal{N}(\theta_i \mid \eta_i^k, (\tau_i^k)^2) \tag{6-8}$$

其中

$$\sum_{k=1}^{K} \pi_i^k = 1,\ \pi_i^k \in [0,1] \forall i, k$$

根据总和和乘积规则，以式（6-8）中定义混合高斯分布中采样等同于首先根据混合系数定义的概率分布选择一个分量，然后从该分量定义的分布中进行采样：

$$p\left(\theta_i | \rho_i\right) = \sum_{k=1}^{K} p(k|\boldsymbol{\pi})\, \mathcal{N}(\theta_i | \eta_i^k, (\tau_i^k)^2)$$

我们将$\pi_k = p(k \mid \boldsymbol{\pi})$定义为选取第$k$个高斯分布的先验概率。

下面我们给出 MultiPGPE 算法的梯度计算。首先以概率π_i^k选择k，然后将混合系数设置为：

$$l_i^k = 1, l_i^{k'} = 0\ \forall k' \neq k$$

如果我们在梯度更新中使用步长$\alpha_i = \alpha \tau_i^2$（其中 α 是常数），则得到 MultiPGPE 算法的以下参数更新方程：

$$\Delta \pi_i^k = \alpha_{\boldsymbol{\pi}} (R - b) l_i^k$$

$$\Delta \eta_i^k = \alpha_{\boldsymbol{\eta}} (R - b) l_i^k (\theta_i - \eta_i^k)$$

$$\Delta \tau_i^k = \alpha_{\boldsymbol{\tau}} (R - b) l_i^k \frac{(\theta_i - \eta_i^k)^2 - (\tau_i^k)^2}{\tau_i^k}$$

对于 MultiPGPE 算法，我们依然可以使用超级对称样本。下面，我们展示 SupSyS 如何处理参数θ_i为多模态正态分布。也就是说，我们再次从分布$\mathcal{N}(0, \boldsymbol{\tau})$中选取一个扰动样本，然后创建对称的参数样本

$$\boldsymbol{\theta}^+ = \boldsymbol{\eta} + \boldsymbol{\varepsilon},\quad \boldsymbol{\theta}^- = \boldsymbol{\eta} - \boldsymbol{\varepsilon}$$

我们继续定义R^+为$\boldsymbol{\theta}^+$得到的累积奖励，R^-为$\boldsymbol{\theta}^-$得到的累积奖励，可得

$$\nabla_{\eta_i^k} J(\rho) \approx \frac{\varepsilon_i(R^+ - R^-)}{2(\tau_i^k)^2}$$

再次使用有限差分法中使用的中心差分近似及与前面相同的步长，给出 $\boldsymbol{\eta}$ 项的更新公式

$$\Delta\eta_i^k = \frac{\alpha_\eta \varepsilon_i(R^+ - R^-)}{2}$$

通过式（6-5）生成 $\boldsymbol{\varepsilon}$ 的超对称样本 $\boldsymbol{\varepsilon}^*$，$\boldsymbol{\varepsilon}$ 样本的平均奖励 R^{++} 和 $\boldsymbol{\varepsilon}^*$ 样本的 R^{--}，根据式（6-7）得到 $\boldsymbol{\varepsilon}^*$ 项的更新方程

$$\Delta\tau_i^k = \frac{\alpha_{\boldsymbol{\tau}} \dfrac{\varepsilon_i^{\tau 2} - \tau_i^{k2}}{\tau_i^k} |R^{++} - R^{--}|}{2}$$

以上为具有超级对称样本的 MultiPGPE 算法，其具体如算法 6-3 所示。注意，SupSyS 仅适用于简化版本的 MultiPGPE 算法，即在上述 MultiPGPE 算法公式中没有出现混合系数 l_i^k，它被假定为 1（或 0）。实际中，对于 MultiPGPE 算法，$\boldsymbol{\pi}$ 的更新仍然需要基线，因此该方法只有在可以获得基线的情况下才适用。

6.2.6　SupSymPGPE 的奖励归一化

通过引入归一化项来使步长大小独立于（可能是未知的）奖励尺度是至关重要的步骤，是所有 PGPE 算法变体的标准。然而，对于 SupSymPGPE 算法来说，这与不使用基线的动机相矛盾，即不需要历史样本。但到目前为止收集到最好的奖励也至少需要一个历史路径的奖励，并且该奖励的前提是随着时间的推移，奖励保持不变。在 6.1 中所描述的几种情况下，无法实现奖励归一化的。然而，为了提高 SupSymPGPE 算法性能，奖励归一化是重要的一步。

设 m 是智能体可以获得的最大奖励（如果奖励已知的），或者是到目前为止收到的最大奖励（如果奖励未知）。我们通过除以 m 和对称样本的平均回报之差来归一化更新 $\boldsymbol{\eta}$，并通过除以 m 和所有四个样本的均值之差将 $\boldsymbol{\tau}$ 归一化更新，得到

$$\Delta\eta_i = \alpha_\eta \frac{\varepsilon_i(R^+ - R^-)}{2m - R^+ - R^-}$$

$$\Delta\tau_i = \alpha_{\tau} \frac{\frac{\varepsilon_i^{\tau 2} - \tau_i^2}{\tau_i}(R^{++} - R^{--})}{2m - R^{++} - R^{--}}$$

算法 6-3. 采用 SupSyS 和奖励归一化的简化 MultiPGPE 算法： $\boldsymbol{T}$ 是一个 $2 \times P$ 的矩阵，$\boldsymbol{s}$ 是一个大小为 P 的向量，P 是参数的个数。α 是学习率或步长。

将 $\boldsymbol{\pi}$ 初始化为 π_{init}

将 $\boldsymbol{\eta}$ 初始化为 η_{init}

将 $\boldsymbol{\tau}$ 初始化为 τ_{init}

while 循环：如果为真，则

绘制高斯分布 $\boldsymbol{k}^n \sim p(\boldsymbol{k} \mid \boldsymbol{\pi})$

绘制扰动 $\boldsymbol{\varepsilon} \sim \mathcal{N}(0, \boldsymbol{I}\tau_k^2)$

通过镜像 $\boldsymbol{\varepsilon}$ 生成 $\boldsymbol{\varepsilon}^*$

$\boldsymbol{\theta}^1 = \eta_k + \boldsymbol{\varepsilon}$

$\boldsymbol{\theta}^2 = \eta_k - \boldsymbol{\varepsilon}$

$\boldsymbol{\theta}^3 = \eta_k + \boldsymbol{\varepsilon}^*$

$\boldsymbol{\theta}^4 = \eta_k - \boldsymbol{\varepsilon}^*$

估值 R^1 到 $R^4 = R(h(\boldsymbol{\theta}^1))$ 到 $R(h(\boldsymbol{\theta}^4))$

$m = \max(R, m)$

相应更新基线 b

$\boldsymbol{T} = \begin{bmatrix} \boldsymbol{\varepsilon} \\ \boldsymbol{\varepsilon}^* \end{bmatrix}$

if 结构：如果 $R^1 + R^2 \geqslant R^3 + R^4$，则

$\boldsymbol{s} = [s_i]_i$ 其中 $s_i = \frac{\varepsilon_i^2 - \tau_{i,k}^2}{\tau_{i,k}}$

else 结构：

$\boldsymbol{s} = [s_i]_i$ 其中 $s_i = \frac{\varepsilon_i^{*2} - \tau_{i,k}^2}{\tau_{i,k}}$

结束 **if** 结构

$\boldsymbol{R}_p = [\frac{R^1 + R^2 - 2b}{2(m-b)}, \frac{R^3 + R^4 - 2b}{2(m-b)}]$

$$\boldsymbol{R}_\eta = [\frac{(R^1 - R^2)}{2m - R^1 - R^2}, \frac{(R^3 - R^4)}{2m - R^3 - R^4}]$$

$$\boldsymbol{R}_T = \frac{\left(R^1 + R^2\right) - (R^3 + R^4)}{4m - R^1 - R^2 - R^3 - R^4}$$

更新 $\pi_k = \pi_k + \alpha \sum \boldsymbol{R}_p$

标准化所有 π_i 为1

更新 $\eta_k = \eta_k + \alpha \boldsymbol{R}_\eta \boldsymbol{T}$

更新 $\tau_k = \tau_k + \alpha \boldsymbol{R}_\tau \boldsymbol{s}$

结束 **while** 循环

6.3 实验结果

我们使用平方函数作为具有全局最优值的搜索空间，Rastrigin 函数（如图 6-4 所示）作为有指数级个局部最优值的搜索空间，来测试 SupSymPGPE 算法和 SymPGPE 算法的性能。该实验展示了两种方法如何处理在奖励函数中加入惩罚项，以及如何在搜索空间中对具有陡峭山坡或悬崖的区域进行探索。与 SymPGPE 算法和 SupSymPGPE 算法相关联的两个元参数，即 $\boldsymbol{\eta}$ 和 $\boldsymbol{\tau}$ 的更新步长，通过网格搜索在每个实验进行了优化。图 6-5 到图 6-9 分别显示了 200 次独立运行的平均值和标准差，每个方法所得 $\boldsymbol{\eta}$ 和 $\boldsymbol{\tau}$ 的最优更新步长值标注在图中。

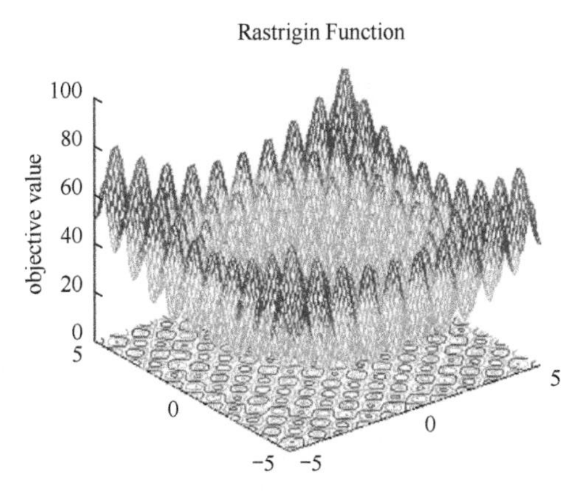

图 6-4 2D Rastrigin 函数的可视化

6.3.1 平方函数

从图 6-5 可以看出，对于没有局部最优值的搜索空间而言，SupSymPGPE 算法与 SymPGPE 算法相比没有优势。但是，尽管每次更新只使用 4 个样本，使用 SupSymPGPE 算法并没有降低性能，两种方法几乎等效。同样，最优基线的使用也没有显著改善性能。

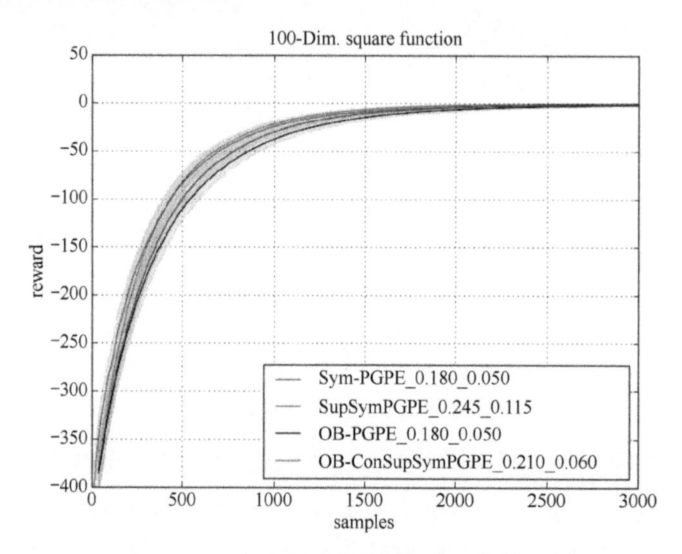

图 6-5　在 100 维平方函数上的迭代结果

[彩色图见书后彩插]

6.3.2 Rastrigin 函数

如果将 Rastrigin 函数作为测试函数，即具有多个局部最优解的搜索空间，结果将发生巨大变化。与 SymPGPE 算法相比，SupSymPGPE 算法不仅只需要大约一半的样本，而且搜索空间维数越高，得到的效果似乎也越强（见图 6-6 至图 6-9）。

在图 6-6 中，我们为 SupSymPGPE 算法配置了具有与 SymPGPE 算法具有相同最佳元参数（较少贪婪）迭代，结果表明在相同的最佳元参数下，SupSymPGPE 算法性能依然优于 SymPGPE 算法。因此，性能的提升并非是由于更具侵略性的最佳元参数而产生的。

在图 6-7 中，我们探索了每次更新参数时使用 4 个样本的 SymPGPE 算法

（SymPGPE-4-Samples）的性能，通过 SymPGPE 与 SymPGPE-4-Samples 的结果可见，改进的性能并不取决于每次更新而使用的样本数量。

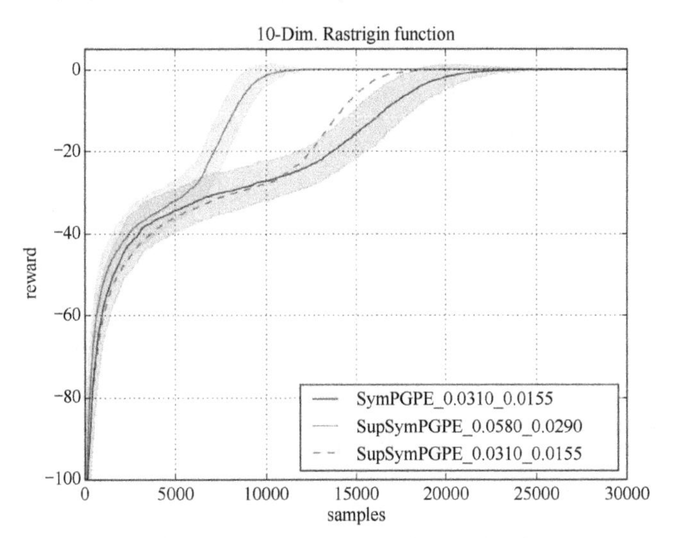

图 6-6 在 10 维 Rastrigin 函数上的迭代结果

［彩色图见书后彩插］

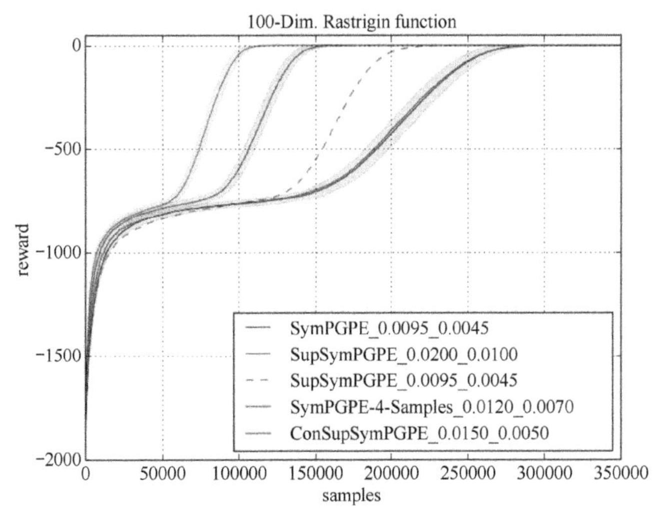

图 6-7 在 100 维 Rastrigin 函数上的迭代结果

［彩色图见书后彩插］

在图 6-7 实验中我们探索了一种条件对称采样方法，即只有在第一次采集样本得到的奖励结果比衰减平均值（ConSupSymPGPE 算法）或最优基线

（OB-ConSupSymPGPE 算法）更差的情况下，才采样对称样本，我们将上述采样称为条件采样。对称样本的直观思想是，如果采样样本得到的奖励结果低于平均回报，说明当前均值仍然在参数空间的一个较差的区域，我们需要将参数远离当前的假设值。如图 6-11 所示的 Rastrigin 函数的搜索空间可很好地解释上述问题。对于 ConSupSymPGPE 算法，采样了一个样本，如果所得奖励大于基线，则立即进行更新。否则采样对称样本。如果两个样本的平均奖励优于基线，则进行 SymPGPE 算法更新。如果平均奖励也比基线差，则使用 2 个额外的 SyS 样本进行全面的 SupSymPGPE 算法更新。从图 6-7 中可以看出，ConSupSymPGPE 算法的性能在某种程度上落后于 SupSymPGPE 算法，但是差异很小，以至于最优基线方法对于 SupSymPGPE 算法来说具有挑战性，如图 6-8 所示。这一结果表明 SupSymPGPE 算法性能的提高确实是由于搜索空间不对称而导致的误导性回报。

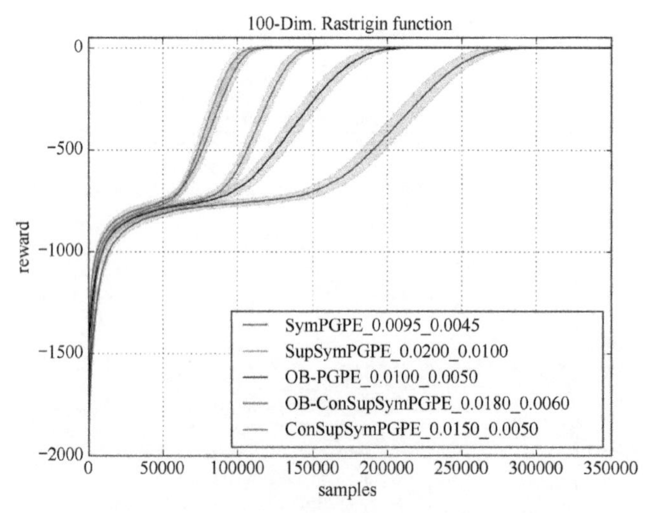

图 6-8　在 100 维 Rastrigin 函数上的迭代结果

[彩色图见书后彩插]

最佳元参数是搜索空间维数的指数函数，与我们的期待一致，在图 6-10 的对数图中观察到一条线。对于 SupSymPGPE 算法，元参数大约是 SymPGPE 算法的 2 倍，这在一定程度上是因为 SupSymPGPE 算法每次更新都使用 4 个样本，而不是 2 个。但 SupSymPGPE 算法的最优元参数也比 SymPGPE 算法中使用 4 个样本的最优元参数大。因此，4 个超级对称样本的对称特性明显比简单使用 4 个样本为梯度估计带来了额外稳定性。

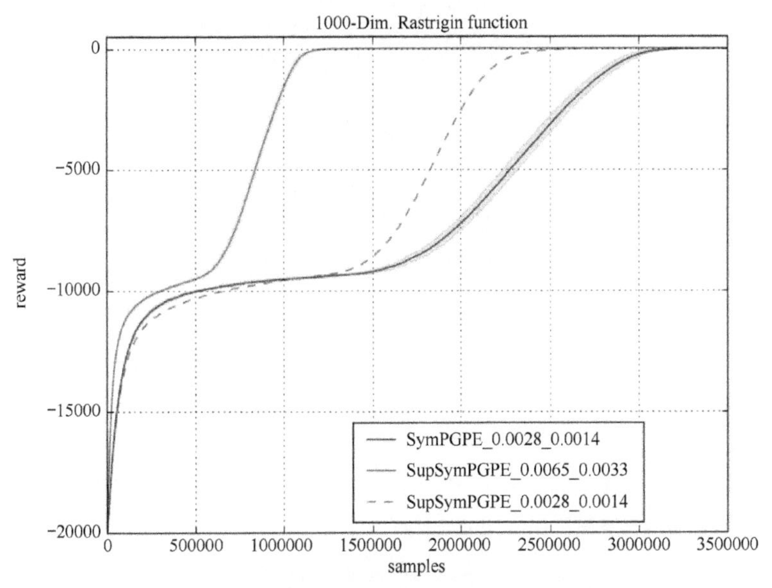

图 6-9　在 1000 维 Rastrigin 函数上的迭代结果

［彩色图见书后彩插］

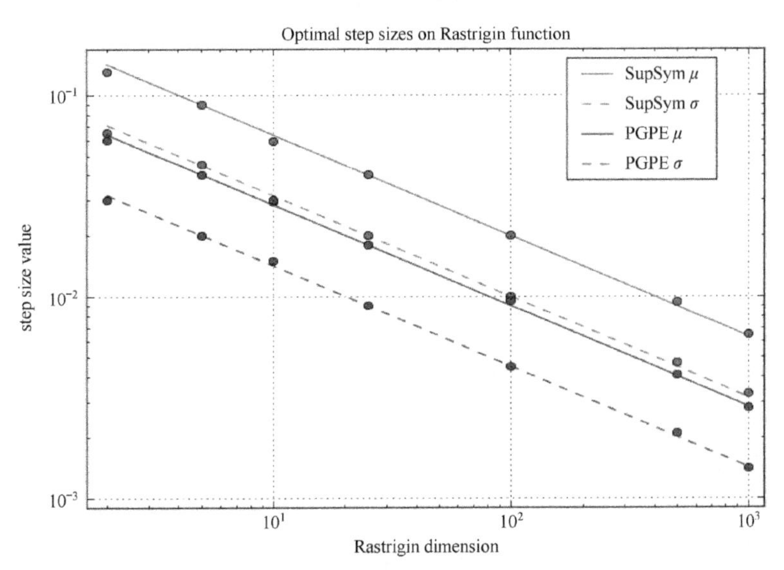

图 6-10　PGPE 算法和 SupSymPGPE 算法对于多维 Rastrigin 函数的最佳元参数

［彩色图见书后彩插］

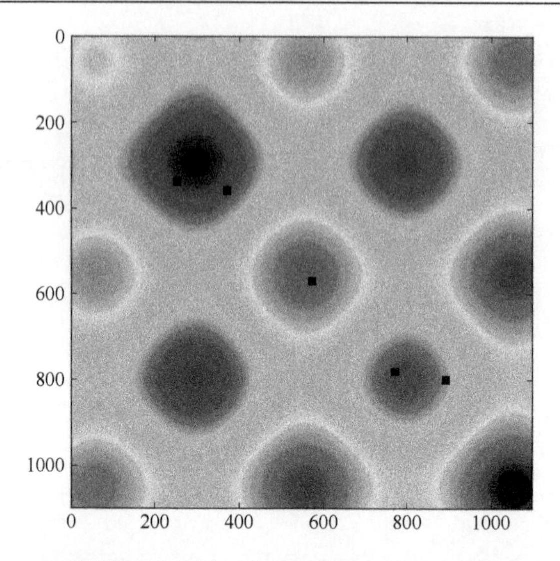

图 6-11　在 Rastrigin 函数的缩放视图中，均值（红色正方形）周围的 4 个超对称样本（蓝色正方形）的可视化。最右侧的第一个样本比当前基线差，会导致具有基线的 PGPE 算法沿着情况更差的方向进行更新。最左边的对称样本会弥补上述错误。这种对称样本对将导致所有维度中探索参数最小，从而增加了陷入当前局部最优的概率。第二对对称样本可修正上述问题，并在一定程度上增大探索参数

[彩色图见书后彩插]

6.4　本章总结

本章介绍了 PGPE 算法的对称采样技术及超对称采样技术，其中超对称采样技术是一种完全无基线的 PGPE 算法变体。以具有指数个局部最优值的 Rastrigin 函数为例，证实超对称样本采样方法明显优于对称采样方法；在搜索空间不存在分散的局部最优值的情况下，两种方法在性能上是等价的。

在未来工作中，我们需探索 SupSymPGPE 算法与 PGPE 算法的其他扩展组合使用的可能性，如 6.2.5 节所述，多模态 PGPE 算法[15]可以直接配备 SupSyS。此外，在[3]中基于 PGPE 算法的自然梯度可以通过在 SupSyS 进行梯度的估算。虽然很难想象一个与全部协方差样本对称的采样方案，但我们可以很容易地在协方差矩阵定义的旋转空间中生成超对称样本。

重要性抽样是减少所需评估样本的一种非常有效的方法[5]，但它不能直接应用于 SupSymPGPE 算法。但是，如果出于性能原因使用 SupSymPGPE 算法，可以通过为历史样本计算基线并实现原始 PGPE 算法的更新，或直接为样本实现 SupSymPGPE 算法的更新。另一种可行方案是使用如文献[16]中所述的重要性混合。

最后，未来工作的一个重要方向是算法的理论验证及其在机器人任务中的实用性探索。由于在机器人任务中，经验丰富的专家会很好地定义奖励函数，预计奖励场景往往更接近平方函数，而不像 Rastrigin 函数般复杂，并且可以避免或以一种危害较小的方式引入约束。因此，对机器人行为学习的影响将不会像本章所述示例那样显著。另一方面，面对奖励函数未知且复杂的智能控制问题，将凸显本章所提算法的有效性。

参 考 文 献

[1] Sehnke, F. , Osendorfer, C. , Thomas Rückstie, et al. Parameter-exploring policy gradients[J]. Neural Networks, 2010, 23(4):551-559.

[2] Thomas, Rückstieß, Frank, et al. Exploring Parameter Space in Reinforcement Learning[J]. Paladyn. Journal of Behavioral Robotics, 2010, 1(1):14–24.

[3] Miyamae, A. , Nagata, Y. , Ono, I. , et al. Natural Policy Gradient Methods with Parameter-based Exploration for Control Tasks [C]. In Advances in Neural Information Processing Systems, 2010, 2:437–441.

[4] Zhao, T. , Hachiya, H. , Niu, G. , et al. Analysis and Improvement of Policy Gradient Estimation[J]. Neural Networks, 2011:1–30.

[5] Zhao, T. , Hachiya, H. , Hirotaka, et al. Efficient Sample Reuse in Policy Gradients with Parameter-Based Exploration[J]. Neural Computation, 2013, 25:1512-1547.

[6] F Stulp, Sigaud, O. . Path Integral Policy Improvement with Covariance Matrix Adaptation[J]. arXiv preprint arXiv:1206.4621, 2012.

[7] Wierstra, D. , Schaul, T. , Peters, J. , et al. Natural Evolution Strategies[J]. In: Evolutionary Computation, CEC 2008, 2008:3381–3387.

[8] Henderson, P. , Morris, J. H. . A lazy evaluator[C]. In: Proceedings of the 3rd ACM SIGACT-

SIGPLAN Symposium on Principles on Programming Languages, 1976:95–103.

[9] Heinemann, P. , Streichert, F. , Sehnke, F. , et al. Automatic Calibration of Camera to World Mapping in RoboCup using Evolutionary Algorithms[C]. In: IEEE Congress on Evolutionary Computation, CEC 2006, 2006:1316–1323.

[10] Heinemann, P. , Sehnke, F. , Streichert, F. , et al. An Automatic Approach to Online Color Training in Robocup Environments[C]. In: 2006 IEEE/RSJ International Conference on Intelligent Robots and Systems, 2006:4880–4885.

[11] Schmidhuber, J. . Developmental Robotics, Optimal Artificial Curiosity, Creativity, Music, and the Fine Arts[J]. Connection Science, 2006, 18(2):173-187.

[12] M Grüttner, Sehnke, F. , Schaul, T. , et al. Multi-Dimensional Deep Memory Atari-Go Players for Parameter Exploring Policy Gradients[C]. International Conference on Artificial Neural Networks. Springer-Verlag, 2010.

[13] Williams, R. J. . Simple Statistical Gradient-following Algorithms for Connectionist Reinforcement Learning[J]. Machine Learning, 1992, 8(3-4):229-256.

[14] Greensmith, E. , Bartlett, P. L. , and Baxter, J. . Variance Reduction Techniques for Gradient Estimates in Reinforcement Learning[J]. Journal of Machine Learning Research, 2004, 5:1471–1530.

[15] Sehnke, F. , Graves, A. , Osendorfer, C. , et al. Multimodal Parameter-exploring Policy Gradients[C]. In: IEEE 2010 Ninth International Conference on Machine Learning and Applications (ICMLA), 2010: 113–118.

[16] Sun, Y. , Wierstra, D. , Schaul, T. , et al. Efficient Natural Evolution Strategies[C]. In: Proceedings of the 11th Annual Conference on Genetic and Evolutionary Computation, 2009:539–546.

第 7 章　基于样本有效重用的人形机器人的运动技能学习

生物系统自身具有有效重用以前的经验来改变自己的行为策略的本能，而对于机器人系统，由于其自身系统的耐久性有限，我们需要减少其与真实环境的交互，尽量在有限的样本下提高其控制性能。本章，我们将历史经验作为环境的局部模型，以便利用有限的来自真实环境的样本有效地改进人形机器人的运动策略。具体地，我们将本章提出的递归型 IW-PGPE 算法应用于真实的人形机器人 CB-i，并成功实现了两个具有挑战性的控制任务。

7.1　研究背景：真实环境下的运动技能学习

对于生物系统而言，长期探索外部环境是很危险的，因为这样会增加遇到敌人的概率。但是，生物系统需要对周围环境进行探索，对数据进行采样，改进其行为策略，以提高存活的概率。这种情况下，在不与真实环境进行实际交互的情况下，有效地重用以前的经验对于改进其行为策略至关重要。一个标准的方法是利用系统识别方法建立参数化的仿真模型，可以利用得到的模型采样虚拟数据对策略进行更新改进[1-7]。然而，对于策略改进，需要仔细验证所学仿真模型的泛化性能。仿真模型对于状态转移的预测是有效的，但对于策略更新来说，明确预测这些状态转移并非是必要的。

本章我们提出利用历史经验数据作为仿真模型，而不是建立一个参数化的仿真模型。为了利用经验数据来改进当前的策略，我们需要从当前策略的角度重新评估经验数据。为了在强化学习框架中实现上述目标，我们可以使用在第 4 章介绍的基于重要性加权的参数探索策略梯度算法（IW-PGPE 算法）[8]，该算法的有效性通过与已有方法在大量的数值模拟实验及仿真实验中对比得到了充分验证[9-13]。

然而，还没有工作明确指出并表明 IW-PGPE 算法适合于实际物理机器人运动策略学习。在第 4 章的工作中，通过机器人仿真实验，已初步表明 IW-PGPE 算法是一种用于机器人运动学习的有效方法[14]。本章，我们将扩展 IW-PGPE 算法，通过在策略更新中引入递归操作，更有效地重用历史经验，并展示我们的扩展算法在高维空间中对真实的人形机器人 CB-i（如图 7-1 所示）的运动技能学习的实用性。我们成功地将所提方法应用于两个不同任务中：首先，我们将其应用于一个带有 PS 移动控制器的真实–虚拟混合环境的车杆摆动任务。然后，我们将其应用于真实环境中具有挑战性的篮球投篮任务。

图 7-1　人形机器人 CB-i[30]

7.2　运动技能学习框架

7.2.1　机器人的运动路径和回报

在每个离散时间步 t，规定机器人的观测状态 $\boldsymbol{x}(t)\in\mathcal{X}$，动作选择空间 $\boldsymbol{u}(t)\in\mathcal{U}$，环境状态转换的即时奖励为 $r(t)$。环境的动态特征为 $p(\boldsymbol{x}(t+1)\,|\,\boldsymbol{x}(t),\boldsymbol{u}(t))$，它表示从当前状态 $\boldsymbol{x}(t)$，采取动作 $\boldsymbol{u}(t)$，转移到后续状态 $\boldsymbol{x}(t+1)$ 的概率密度；$p(\boldsymbol{x}(1))$ 为初始状态的概率密度。根据奖励函数 $r(\boldsymbol{x}(t),\boldsymbol{u}(t),\ \boldsymbol{x}(t+1))$，给出即时奖励 $r(t)$。

机器人在每个时间步 t 的决策过程由带有参数 $\boldsymbol{w}$ 的策略 $p(\boldsymbol{u}(t)\mid\boldsymbol{x}(t),\boldsymbol{w})$ 表征，其表示在 $\boldsymbol{x}(t)$ 状态中采取动作 $\boldsymbol{u}(t)$ 的条件概率密度。我们假设策略相对于参数 $\boldsymbol{w}$ 是连续可微分的。状态和行动序列形成了一个轨迹，表示为 $h=[\boldsymbol{x}(1),\boldsymbol{u}(1),\cdots,\boldsymbol{x}(T),\boldsymbol{u}(T))]$，其中 T 表示步数，称为轨迹长度。我们假设 T 是一个固定的确定值，那么沿 h 的折扣累积奖励，称为回报，计算方法为

$$R(h)=\sum_{t=1}^{T-1}\gamma^{t-1}r(\boldsymbol{x}(t),\boldsymbol{u}(t))+\varPhi(\boldsymbol{x}(T)) \tag{7-1}$$

其中 $\gamma\in[0,1)$ 是未来奖励的折扣因子，$r(\boldsymbol{x}(t),\boldsymbol{u}(t)),\varPhi(\boldsymbol{x}(T))$ 分别是即时奖励和终端奖励。

7.2.2　策略模型

在机器人的运动技能学习任务中，我们考虑反馈和前馈策略模型。在反馈策略模型中，我们使用局部线性状态依赖的基函数[15-17]

$$\boldsymbol{u}(t)=\boldsymbol{W}^{fb}\boldsymbol{\phi}^{fb}(\boldsymbol{z}(t)) \tag{7-2}$$

其中 $\boldsymbol{z}(t)\in\boldsymbol{\mathcal{Z}}$ 是时间步 t 反馈的状态。注意，状态空间 $\boldsymbol{\mathcal{Z}}$ 可以是原始状态空间的子集，即 $\boldsymbol{\mathcal{Z}}\subset\boldsymbol{\mathcal{X}}$；$\boldsymbol{W}^{fb}$ 是一个状态相关矩阵，$\boldsymbol{\phi}^{fb}(\boldsymbol{z}(t))\in\mathcal{R}^{M}$ 是一个由状态相关的基函数组成的向量，其中 M 是基函数的数目。

前馈策略模型表示为

$$\boldsymbol{u}(t)=\boldsymbol{W}^{ff}\boldsymbol{\phi}^{ff}(t) \tag{7-3}$$

其中 $\boldsymbol{\phi}^{ff}(t)\in\mathcal{R}^{M\times1}$ 为具有时间相关性的基函数组成的向量，$\boldsymbol{W}^{ff}$ 为参数矩阵。

7.2.3　基于 PGPE 算法的策略学习方法

我们使用基于 PGPE 算法的策略更新方向[9][18]，其中策略参数 $\boldsymbol{w}$ 是从具有超参数 $\boldsymbol{\rho}$ 的先验分布 $p(\boldsymbol{w}\mid\boldsymbol{\rho})$ 中随机采样的，换句话说，策略是确定性的，但其参数是随机的，我们将 PGPE 算法总结如表 7-1 所示。

在 PGPE 算法中，超参数 $\boldsymbol{\rho}$ 被优化为最大化期望回报 $J(\boldsymbol{\rho})$（见表 7-1 中的 1.1）。优化的超参数由 $\boldsymbol{\rho}^*=\arg\max_{\boldsymbol{\rho}}J(\boldsymbol{\rho})$ 给出。在实际工作中，采用梯度

法来求 $\rho^*: \rho \leftarrow \rho + \varepsilon\Delta\rho$，其中 $\Delta\rho = \nabla_\rho J(\rho)$ 是 J 对 ρ 的求导（见表 7-1 中 1.2），ε 是学习率。我们用经验平均数来近似求 $\nabla_\rho J(\rho)$（见表 7-1 中 1.3）。

表 7-1 关于策略参数的低级控制器和目标函数的梯度补充公式

1.1）PGPE 算法中的目标函数，即期望回报是根据 h 和 $\boldsymbol{w}$ 的期望值定义的，是一个超参数为 ρ 的函数
$$J(\rho) = \iint p(h \mid \boldsymbol{w}) p(\boldsymbol{w} \mid \rho) R(h) \mathrm{d}h \mathrm{d}\boldsymbol{w}$$
1.2）求解目标函数的导数
$$\nabla_\rho J(\rho) = \iint p(h \mid \boldsymbol{w}) p(\boldsymbol{w} \mid \rho) \nabla_\rho \log p(\boldsymbol{w} \mid \rho) R(h) \mathrm{d}h \mathrm{d}\boldsymbol{w}$$
1.3）期望回报的经验平均近似
$$\nabla_\rho \hat{J}(\rho) = \frac{1}{N} \sum_{n=1}^{N} \nabla_\rho \log p(\boldsymbol{w}_n \mid \rho) R(h_n)$$
利用重要性权重 v 来加权，更新策略梯度的梯度
$$\nabla_\rho \hat{J}_{\mathrm{IW}}(\rho) := \frac{1}{N'} \sum_{n=1}^{N'} v(\boldsymbol{w}_n') \nabla_\rho \log p(\boldsymbol{w}_n' \mid \rho) R(h_n')$$

7.3 有效重用历史经验

7.3.1 基于重要性加权的参数探索策略梯度算法（IW-PGPE 算法）

PGPE 算法是一种同策略算法[19]，用当前策略收集的数据来估计策略梯度。然而，为了重用历史经验，我们需要用之前策略收集的数据来评估当前的策略。为此，我们需要一种异策略算法，其数据收集的策略和当前更新的策略是不同的。因此，我们使用 PGPE 算法的异策略版本，即利用重要性加权来调整以前收集的数据（经验）在当前策略参数下的权重[20]，具体详见第 5 章所介绍的基于重要性加权的参数探索策略梯度算法（IW-PGPE 算法）[21-23] [8]。

重要性加权的基本思想是对从采样分布中抽取的样本进行加权，使其与目标分布相匹配。在 IW-PGPE 算法中，重要性权重 v 是针对当前的超参数 ρ 定义的，这个超参数在以前的经验中曾使用过

$$v(\boldsymbol{w}') = \frac{p(\boldsymbol{w}' \mid \rho)}{p(\boldsymbol{w}' \mid \rho')} \tag{7-4}$$

该权重表明以前的经验对当前策略更新的贡献度。然后将期望回报率的近似导

数通过这个重要性权重进行加权，以重用之前的经验。表 7-1 的 1.3 展示了如何利用以往经验的加权进行梯度估计，其中 $\boldsymbol{w}'_n$ 代表由以往超参数 $\boldsymbol{\rho}'$ 生成的策略参数，h'_n 代表以往经验的轨迹。

7.3.2　基于 IW-PGPE 算法的运动技能学习过程

基于 IW-PGPE 算法的运动技能学习过程如图 7-2 所示，从步骤 1 到步骤 3 重复进行，直到学习性能收敛。

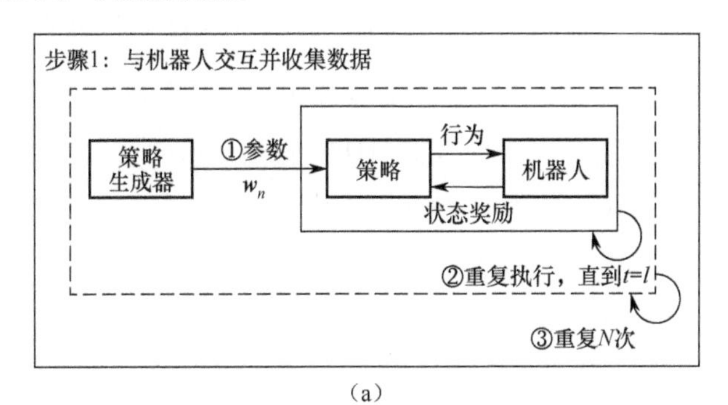

（a）

步骤2：将经验数据添加到数据库
D_i
超参数
策略生成参数
获得的奖励
添加
数据库

（b）

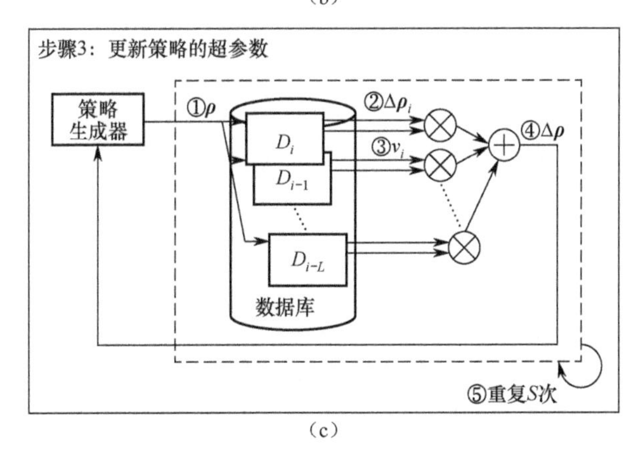

（c）

图 7-2　基于 IW-PGPE 算法的运动技能学习过程

（1）步骤 1：在真实环境中收集数据。

（2）步骤 2：将收集到的数据添加到数据库中。

（3）步骤 3：利用数据库中存储的数据更新当前策略的超参数。

在步骤 1 中，①从先验分布 $p(\boldsymbol{w} \mid \boldsymbol{\rho})$ 中抽取策略参数 $\boldsymbol{w}_n$。②使用带有采样策略参数的策略从真实环境中获取轨迹。在③中，①和②重复 N 次。需要注意的是，对于每一次实验，都会使用不同的策略和不同的策略参数。

在步骤 2 中，把 N 次实验获取的数据添加到数据库中。超参数、策略参数和获得的奖励被存储为第 i 个数据集 D_i。数据库存储的是最新的 $L+1$ 个数据集。我们对数据大小进行限制，以避免步骤 3 参数更新时不必要的计算。

在步骤 3 中，根据数据库中存储的所有数据更新超参数。在④中，所有数据集衍生的梯度的加权和用于更新策略（见表 7-1）。

最后，在⑤中，我们递归地应用①、②、③、④过程 S 次。

7.3.3 递归型 IW-PGPE 算法

为了可以更有效地重用历史数据，本节介绍如何在 IW-PGPE 算法中递归地使用数据。这种递归更新在实际的机器人运动技能学习中还没有被系统地探索过，是本章的研究重点。通过重新计算式（7-4）中引入的重要性权重，历史经验可以反复重用于超参数更新。在这里，我们引入了一个新的算子——H，它输出了超参数 $\boldsymbol{\rho}$ 的更新量。

$$\Delta\boldsymbol{\rho} = H(\boldsymbol{\rho}, \{D\}_{i-L}^{i}) \tag{7-5}$$

$$= \frac{1}{L+1}\sum_{i'=i-L}^{i} \nabla_{\boldsymbol{\rho}} \hat{J}_{\mathrm{IW}}\left(\boldsymbol{\rho}, D_{i'}\right) \tag{7-6}$$

其中 $D_{i'}$ 代表导数计算所需的第 i 个经验数据。注意到对于当前迭代，加权导数 $\nabla_{\boldsymbol{\rho}} \hat{J}_{\mathrm{IW}}(\boldsymbol{\rho})$ 等于非加权导数 $\nabla_{\boldsymbol{\rho}} \hat{J}(\boldsymbol{\rho})$，这是因为重要性权重 $v(\boldsymbol{w}_n)$ 为 1。通过这个算子，可以得出超参数更新的递归公式

$$\boldsymbol{\rho}_{s+1} = \boldsymbol{\rho}_s + H(\boldsymbol{\rho}_s, \{D\}_{i-L}^{i}) \tag{7-7}$$

其中 $s = \{1, \cdots, S\}$ 是递归调用的次数。

每一次递归，重要性权重都会自适应地被重新估算。重要性权重根据先验

分布 $p(\boldsymbol{w}|\rho)$ 逐渐变小。换句话说，递归次数是根据之前和当前策略产生的轨迹之间的关系来调整的。

7.4　虚拟环境中的车杆摆动任务

本实验是一个在真实–虚拟混合环境中的控制任务，其中机器人使用 PS 移动控制器与其虚拟环境进行交互，控制车杆摆动，如图 7-3（a）所示。由于小车杆动力不足，机器人只能对小车施力，运动控制器的角速度转化为小车的驱动力。在这个任务中，机器人控制其上半身的 5 个关节，躯干的偏航关节、左肩的 3 个关节和左肘关节，挥动运动控制器控制车杆从悬空位置摆动起来。每次实验的时间为 2s。

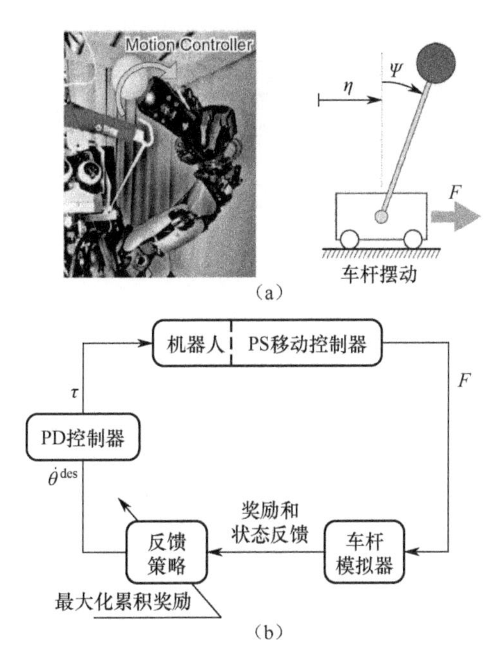

图 7-3　（a）机器人控制运动控制器从悬挂位置摇起虚拟环境中模拟的车杆，其中角速度转化为小车的驱动力。（b）实验系统示意图。给定机器人受控关节的理想轨迹（$\dot{\theta}^{\mathrm{des}}$），给定车杆模拟器运动控制器的角速度，奖励基于车杆状态 (η,ψ)，以最大化累积奖励为目标对策略进行优化

对于车杆摆动任务，我们使用了如式（7-2）所述的反馈策略模型，通过在车杆状态空间中定义基函数的局部反馈策略混合输出一个期望的关节角速度[24]。得出的期望关节角速度$\dot{\theta}^{\text{des}}$使用比例衍生（PD）控制器转换为关节转矩（见表 7-2）。这里，式（7-2）中的状态依赖矩阵被定义为

$$\boldsymbol{W}^{fb} = \tilde{\boldsymbol{W}}_{fb}\tilde{\boldsymbol{Z}} \tag{7-8}$$

其中，$\tilde{\boldsymbol{Z}} = [\tilde{z}_1, \tilde{z}_2, \cdots, \tilde{z}_M], \tilde{z}_m = [(z - c_m)^{\mathrm{T}}, 1]^{\mathrm{T}}, z(t) = [\psi(t)\dot{\psi}(t)\dot{\eta}(t)]^{\mathrm{T}}$，$\tilde{\boldsymbol{W}}^{fb}$是参数矩阵。如图 7-3（a）所示，在反馈策略中考虑了角位置ψ、极点的角速度$\dot{\psi}$，以及小车的水平速度$\dot{\eta}$。我们对每个受控关节采用 12 个基函数（M=12），每个基函数的制定如表 7-2 所示，由中心$\boldsymbol{c}_m^{fb}$确定，它由一个$4 \times 3 \times 1$的网格分配，其中ψ的取值范围是 0、π/4、π/2、3π/4 rad，$\dot{\psi}$的取值范围是−2π、0、2π rad/s，$\dot{\eta}$的取值是 0。

表 7-2　关于基函数的补充公式

1）反馈策略的基函数定义在 z 的状态空间中，中心为$\boldsymbol{c}_m^{fb}$，大小为$\sum m$
$$\phi_m^{fb}(z(t)) = \frac{g_m^{fb}(z(t))}{\sum_{m'=1}^{M} g_{m'}^{fb}(z(t))}$$
$$g_m^{fb}(z(t)) = \exp[-\frac{1}{2}(z(t) - \boldsymbol{c}_m^{fb})^{\mathrm{T}} \sum_m^{-1} (z(t) - \boldsymbol{c}_m^{fb})]$$
2）沿时间轨迹定义基函数，中心为$\boldsymbol{c}_m^{fb}$，大小为σ
$$\phi_m^{fb}(t) = \frac{g_m^{fb}(t)}{\sum_{m'=1}^{M} g_{m'}^{fb}(t)}$$
$$g_m^{ff}(t) = \exp[\frac{1}{2\sigma^2}(t - \boldsymbol{c}_m^{ff})^2]$$
3）PD 控制器为每个关节输出转矩指令τ，以正常数（K_P及K_D）跟踪所需轨迹
$$\tau(t) = -K_P(\theta(t) - \theta^{\text{des}}(t)) - K_D(\dot{\theta}(t) - \dot{\theta}^{\text{des}}(t))$$

施加在小车 F 上的力是根据 PS 移动控制器的角速度得出的。我们将目标函数定义为状态依赖性奖励$q(\boldsymbol{x}(t))$和动作成本$c(\boldsymbol{x}(t), \boldsymbol{u}(t))$之和，这里 $\boldsymbol{x}$ 和 $\boldsymbol{u}$ 分别是状态向量和每个关节的期望位置。根据摇杆的角度给出状态依赖性奖励方程

$$q(\boldsymbol{x}(t)) = \exp[-\alpha\psi(t)^2] \tag{7-9}$$

其中参数 $\alpha = 0.5$ 是一个常数。当摇杆的角度为直立时（$\psi = 0$），状态相关的奖励取最大值。动作成本是根据实际角度和期望角度之间的差异给出的

$$c(\boldsymbol{x}(t), \boldsymbol{u}(t)) = \beta \sum_{j=1}^{5} (\theta_j(t) - \theta_j^{\mathrm{des}}(t))^2 \tag{7-10}$$

其中，$\beta = 5 \times 10^{-4}$ 是常数，j 为受控关节的编号。

超参数 $\boldsymbol{\rho}$ 的更新受以下参数影响：折扣因子 $\gamma = 0.999$，学习率 $\varepsilon = 0.05$，每次迭代的收集样本 $N = 10$，重用 100 次迭代所产生的数据（$L = 100$）。我们还采用了历史经验的递归重用，并在第 100 次时终止每次递归（$S = 100$）。为了有效地重用历史数据，我们将 L 和 S 设置为足够大的值，这样当我们使用最久远的数据时，重要性权重就会变得接近于零。

为了评估本章所讨论方法的学习性能，我们比较了以下算法：

（1）REINFORCE 算法：标准的 REINFORCE 算法[12]；

（2）PGPE 算法：标准 PGPE[9]算法；

（3）IW-PGPE 算法：标准 IW-PGPE[8]算法；

（4）递归型 IW-PGPE 算法：本章所提出的递归型 IW-PGPE 算法。

对于每一种算法，我们使用相同的学习率，每 10 次实验更新一次参数，学习结果如图 7-4 所示。横轴和纵轴分别是学习的迭代次数和累积奖励。绘制结果为 5 次运行实验的平均值和标准差。由于在我们的仿真中没有考虑系统噪声，所以学习曲线的标准差相对较小。递归型 IW-PGPE 算法以最快的速度改善了车杆摇摆策略。

递归次数（S）对学习性能的影响如图 7-5 所示。我们对每个递归参数 S=(0,1,2,3,4,5,10,15,20,30,40,60,80,100)进行了 5 次不同随机种子的实验运行。任务性能的改进随着 S 值的增大而变得更快。在该实验中，我们没有观察到任何性能改进的减慢或偏差，即使在相对较大的 S 值下也是如此，这可能受重要性权重的影响。

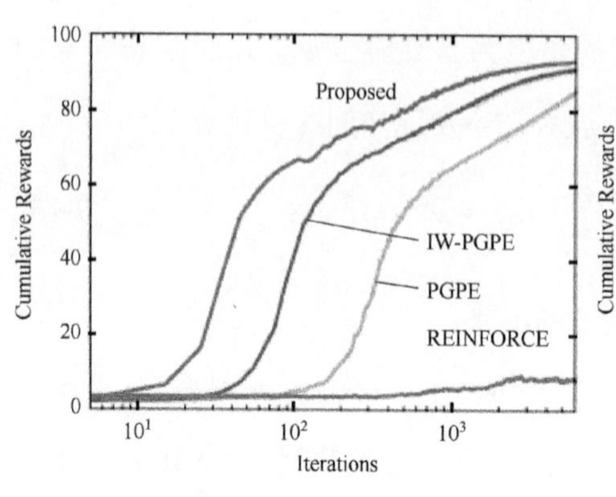

图 7-4　车杆摆动的仿真结果，图中绘制了累积奖励的平均值和标准差

［彩色图见书后彩插］

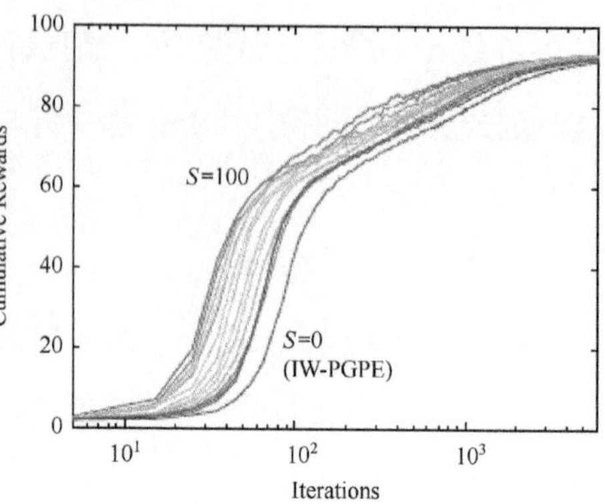

图 7-5　不同递归次数的仿真结果，颜色的差异代表不同的递归参数，S=0（蓝色），1，2，3，4，5，10，15，20，30，40，60，80，100（红色）

［彩色图见书后彩插］

我们还使用真实人形机器人 CB-i 评估了本章提出的递归型 IW-PGPE 算法，学习性能如图 7-6 所示。水平轴和垂直轴分别是迭代次数和每次迭代中累积奖励的平均值，策略在第 120 次迭代左右达到其性能最优。图 7-7 和图 7-8 显示了车杆及机器人在最优策略下的运动轨迹，PS 移动控制器的俯仰角速度对应的是输入给小车的力。在此虚拟–现实混合环境的车杆摆动任务中，由于机器人不知道 PS 移动控制器的传感器对应的是哪一个车的输入，所以它通过使用上半身的 5 个关节来探索。因此，机器人的手部位置在三维笛卡尔空间内移动，如图 7-8 所示。

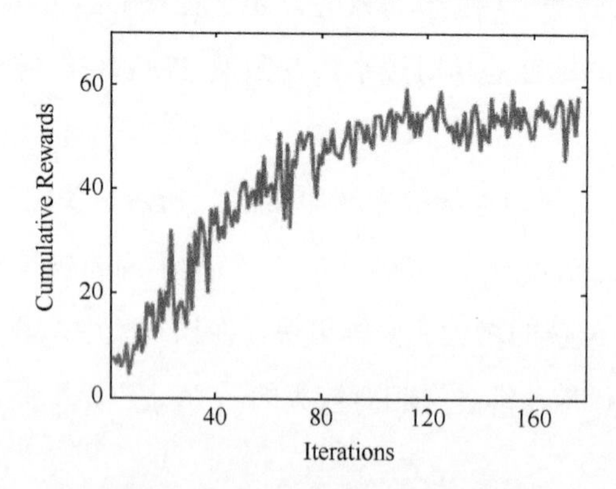

图 7-6　使用真实的人形机器人完成车杆摇摆任务的学习性能，其中奖励函数是基于相关工作[9]和[10]

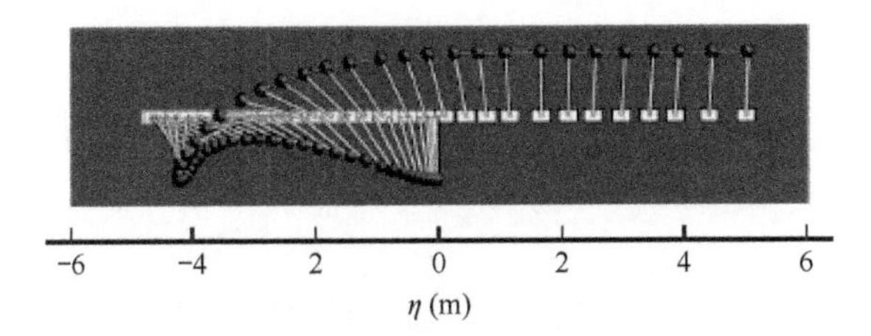

图 7-7　车杆在摆动任务中的运动轨迹

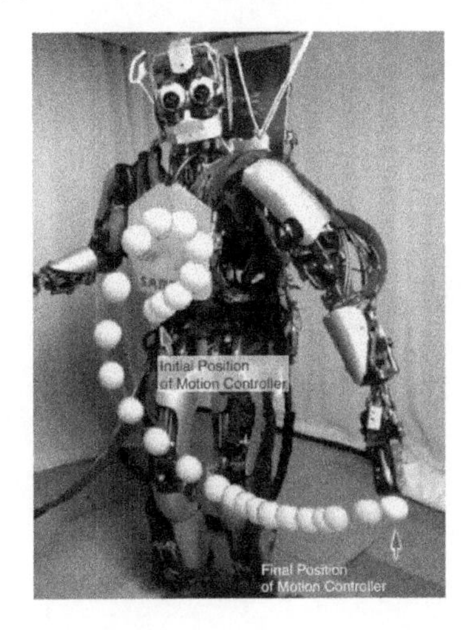

图 7-8　人形机器人在车杆摆动任务中的运动轨迹（图片由 ATR 提供）

7.5　篮球射击任务

接下来，我们使用机器人右臂的所有 7 个自由度来进行篮球射击任务的学习。该策略输出右臂 7 个关节的期望角速度：3 个肩关节、肘关节和 3 个腕关节。由于机器人没有任何传感器来检测球在手上时的状态，所以我们使用式（7-3）所述的前馈策略模型。期望的角速度 $\dot{\theta}_j^{\mathrm{des}}(j=\{1,2,3,4,5,6,7\})$ 通过实验学习而来，并为肘关节提供一个简单的标称轨迹，令其缓慢延伸。基函数的中心 $\boldsymbol{c}_m^{ff}$ 基于有规律的时间间隔定义。每次实验的长度为 0.5 s，时间步长为 0.002 s[24]。

任务设置如图 7-9 所示，目标的位置距离机器人 2 m。当球（质量为 0.5 kg，半径为 0.11 m）越过高度为 1 m 的水平面时，根据球与篮筐之间的水平距离给予终端奖励

$$\Phi = \alpha_0 \exp[-\alpha_1 d^2] \tag{7-11}$$

其中，距离定义为$d^2 = p_x^2 + (p_y - 2)^2$，球在水平面上的位置分别为$p_x$和$p_y$，$\alpha_0 = 100$和$\alpha_1 = 5$为常数参数。控制成本给定如下

$$c(\boldsymbol{x}(t), \boldsymbol{u}(t)) = \beta \sum_{j=1}^{7} (\theta_j(t) - \theta_j^{\mathrm{des}}(t))^2 \tag{7-12}$$

其中，常数参数$\beta = 5 \times 10^{-4}$，状态依赖性成本仅在终端条件下给出。

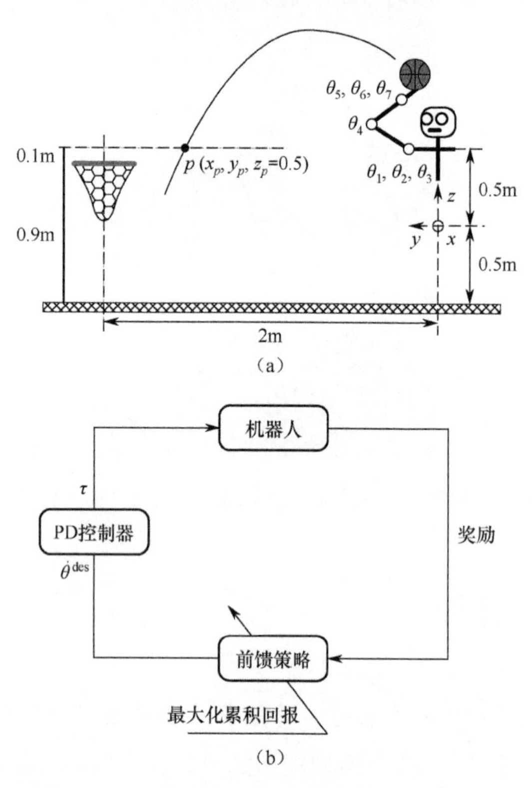

图 7-9 （a）投篮任务的设置：CB-i 与球门之间的水平距离为 2 m，球门的高度为 0.9 m，根据球与球门之间的距离给予奖励，当球在$z = 0.5$m 处越过水平面时，球的位置由立体摄像机观察，（b）实验系统示意图

对于一个数据集，实验、数据库和递归更新的参数分别设定为 N=10，L=10，S=10。当策略更新时，折扣因子$\gamma = 0.999$，学习率$\varepsilon = 0.05$，学习性能如图 7-10 所示。学习在第 80 次迭代左右达到收敛。学习阶段结束后，射击成功率为 100%；50 次射击中有 50 次射入。

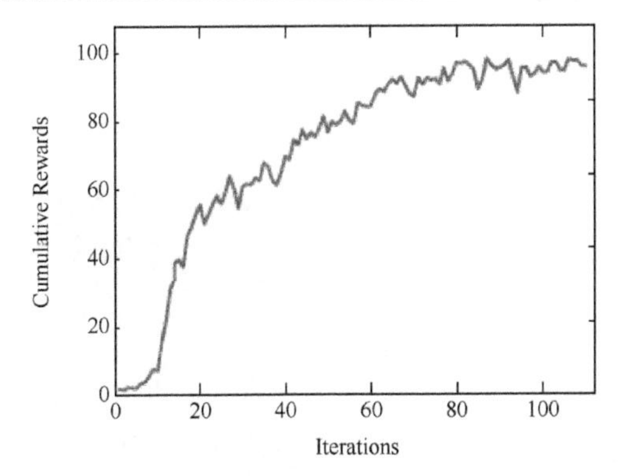

图 7-10　真实人形机器人 CB-i 的投篮任务的学习性能

如图 7-11 所示为 CB-i 右臂在投篮任务中所有关节运动轨迹的平均值和标准差。这一结果表明，要想成功完成投篮任务，必须学会正确地协调

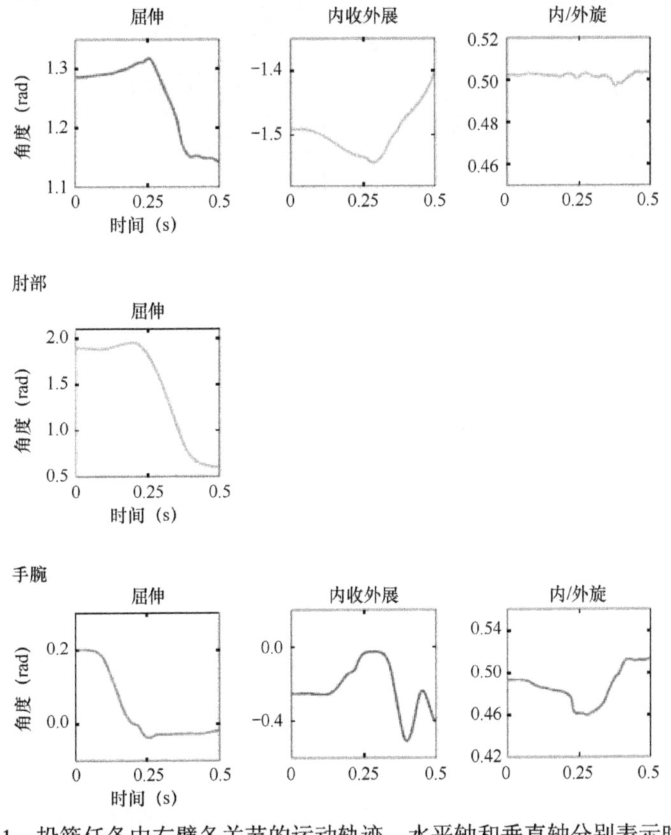

图 7-11　投篮任务中右臂各关节的运动轨迹，水平轴和垂直轴分别表示时间和关节角度，图中结果为 50 次实验的平均值和标准差

关节的运动。另一方面，由于物理系统的不确定性，可以观察到运动轨迹的小幅波动。最优策略所得行为轨迹如图 7-12 所示。

图 7-12　人形机器人 CB-i 在篮球投篮任务中的运动轨迹（照片由 ATR 提供）

7.6　讨论与结论

在机器人的智能控制任务中，PGPE 算法使用了确定性的策略输出，不需要通过噪声控制的输出进行探索。因此，控制输出是平滑的，而平滑的控制输出非常适用于机器人硬件。相比之下，相关工作中关于基于模型的策略更新算法必须首先识别真实环境[1-7]。尽管基于模型的强化学习方法在真实系统中已被成功应用[3][25]，使用真实机器人时探索性的噪声输入却是必需的。此外，已有方法采用函数逼近估计环境的动力学模型，如高斯过程回归[26]。使用函数估计时，利用估计模型采样的数据用于策略学习可能会产生不适当的策略参数更新。另一方面，如果我们极力地推导出估计模型的梯度解析解，由于模型的误差，所得梯度可能与目标函数的真实梯度相差甚远。如果我们考虑将函数逼近方法用于像人形机器人这样的高维系统，由于从真实系统中采样的数据量有限，难以逼近高维动力学模型，将进一步恶化此问题。此外，如果环境具有极大的随机性，那么之前获取的有限数量的数据可能无法捕捉到真实环境的属性，从而导致不恰当的策略更新。然而，如人形机器人的刚性动力学模型，通常不包括极大的随机性。因此，本章所讨论算法非常适用于像人形机器人这样的高维系统的策略学习。

此外，将强化学习应用到实际的机器人控制中是极具挑战的，因为它通常需要许多实验，而真实系统的耐久性是有限的，无法在真实环境中进行大量实验。以往的研究利用先验知识或手工设计的初始轨迹将强化学习应用于实际机器人，并改进了机器人控制器的参数[1][2][27-29]。我们将提出的学习方法应用于人形机器人 CB-i[30]，在没有任何先验知识的情况下，其完成了两个不同难度等级的动作技能学习任务。本章我们探索了 IW-PGPE 改进算法在真实人形机器人控制任务中的有效性及可行性。具体地，我们提出了递归使用 IW-PGPE 算法来改进策略，并将我们的方法应用于人形机器人 CB-i 的车杆摇摆控制和篮球射击任务。在前者中，我们引入了一个由运动控制器和虚拟仿真车杆组成的虚拟–现实混合任务环境，通过使用混合环境，我们可以潜在地设计各种不同的任务环境。值得关注的是，人形机器人复杂的手臂动作对车杆摆动的学习也有借鉴的意义。此外，通过使用此方法，我们也成功地实现了更具有挑战性的投篮任务。

总之，未来工作的一个重要且必要的方向为开发一种基于迁移学习的方法[31]，以有效地重用以前在不同目标任务中获得的经验。另外，本章所提出的递归使用先前采样的数据来改进真实机器人的策略，在其他策略搜索算法框架中的有效性，如奖励加权回归[32]或基于信息论的策略搜索方法，也是值得关注的研究方向。

参考文献

[1] Kupcsik, A. G. , Deisenroth, M. P. , Peters, J. , et al. Data-Efficient Contextual Policy Search for Robot Movement Skills[C]. Proceedings of the National Conference on Artificial Intelligence (AAAI), 2013.

[2] Atkeson, C. G. , Morimoto, J. . Nonparametric Representation of Policies and Value Functions: A Trajectory-based Approach[C]. Neural Information Processing Systems, 2002:1643–1650.

[3] Morimoto, J. , Atkeson, C. G. . Nonparametric Representation of an Approximated Poincaré Map for Learning Biped Locomotion[J]. Autonomous Robots, 2009, 27(2):131-144.

[4] Deisenroth, M. P. , Rasmussen, C. E. . PILCO: A Model-Based and Data-Efficient Approach to Policy Search[J]. Machine Learning, 2011:465–472.

[5] Sugimoto, N. , Morimoto, J. . Trajectory-model-based Reinforcement Learning: Application to Bimanual Humanoid Motor Learning with a Closed-chain Constraint[J]. IEEE, 2013:429-434.

[6] Tangkaratt, V. , Mori, S. , Zhao, T. , et al. Model Based Policy Gradients with Parameter-based Exploration by Least-squares Conditional Density Estimation[J]. Neural Networks, 2014, 57:128–140.

[7] Schaal, S. , Atkeson, C. G. . Learning Control in Robotics[J]. IEEE Robotics and Automation Magazine, 2010, 17(2):20-29.

[8] Zhao, T. , Hachiya, H. , Hirotaka, et al. Efficient Sample Reuse in Policy Gradients with Parameter-Based Exploration[J]. Neural Computation, 2013, 25:1512-1547.

[9] Sehnke, F. , Osendorfer, C. , Thomas Rückstie, et al. Parameter-exploring Policy Gradients[J]. Neural Networks, 2010, 23(4):551-559.

[10] Hachiya, H. , Peters, J. , Sugiyama, M. . Reward-Weighted Regression with Sample Reuse for Direct Policy Search in Reinforcement Learning[J]. Neural Computation, 2011, 23(11): 2798-2832.

[11] Peters, J. , Schaal, S. . Natural Actor-Critic[J]. Neurocomputing, 2008, 71(7-9):1180-1190.

[12] Williams, R. J. . Simple Statistical Gradient-following Algorithms for Connectionist Reinforcement Learning[J]. Machine Learning, 1992, 8(3-4):229-256.

[13] Kakade, S. . A Natural Policy Gradient[C]. Advances in Neural Information Processing

Systems, 2001:1531–1538.

[14] Sugimoto, N. , Tangkaratt, V. , Wensveen, T. , et al. Efficient reuse of previous experiences in humanoid motor learning[C]. In Proceedings of IEEERAS International Conference on Humanoid Robots (Humanoids2014), 2014:554–559.

[15] Sugimoto, N. , Haruno, M. , Doya, K. , et al. MOSAIC for Multiple-reward Environments.[J]. Neural Computation, 2012, 24(3):577-606.

[16] Sugimoto, N. , Morimoto, J. , Hyon S H , et al. The eMOSAIC Model for Humanoid Robot Control[J]. Neural Netw, 2012, 29-30:8-19.

[17] Schaal, S. . The SL Simulation and Real-time Control Software Package[J], University of Southern California, Los Angeles, CA, Technical Report, 2009.

[18] Zhao, T. , Hachiya, H. , Gang, N. , et al. Analysis and Improvement of Policy Gradient Estimation[J]. Neural Networks, 2012, 26(2):118-129.

[19] Sutton, R. S. , Barto, G. A. . Reinforcement Learning: An Introduction[M]. Cambridge, MA, USA: MIT Press, 1998.

[20] Fishman, G. S. . Monte Carlo: Concepts, Algorithms, and Applications[J]. Berlin, Germany: Springer-Verlag, 1996.

[21] Weaver, L. , Tao, N. . The Optimal Reward Baseline for Gradient-based Reinforcement Learning[C]. In Processings of the Seventeeth Conference on Uncertainty in Artificial Intelligence, 2001: 538–545.

[22] R. J. Williams, Toward a theory of reinforcement-learning connectionist systems[J], Technical Report, NU-CCS-88-3, College of Computer Science, Northeastern Univ., Boston, MA, 1988.

[23] Sutton, R. S. . Temporal credit assignment in reinforcement learning[J]. Ph.D. dissertation, Univ. Massachusetts, 1984.

[24] Moody, J. , Darken, C. . Fast Learning in Networks of Locally-tuned Processing Units[J]. Neural Computation, 1989, 1(2):281–294.

[25] M. P. Deisenroth, D. Fox, and C. E. Rasmussen, Gaussian processes for data-efficient learning in robotics and control, IEEE Trans. Pattern Anal. Mach. Intell., 2015, 37(2): 408–423.

[26] Rasmussen, C. E. , Williams, C. . Gaussian Processes for Machine Learning[M]. MIT Press, 2005.

[27] Peters, J. , Schaal, S. . Policy gradient methods for robotics[C]. In Proceedings of the IEEE/RSJ International Conferece on Intelligent Robots and Systems, 2006: 2219–2225.

[28] Sugimoto, N. , & Morimoto, J. ., Phase-dependent trajectory optimization for cpg-based biped walking using path integral reinforcement learning[C]. 11th IEEE-RAS International Conference on Humanoid Robots (Humanoids 2011), 2011:255–260.

[29] Matsubara, T. , Morimoto, J. , Nakanishi, J. , et al. Learning CPG-based Biped Locomotion with a Policy Gradient Method[J]. Robotics and Autonomous Systems, 2006, 54(11):911-920.

[30] Cheng, G. , Hyon, S. H. , Morimoto, J. , et al. CB: A Humanoid Research Platform for Exploring NeuroScience[J]. Advanced Robotics, 2007, 21(10):1097-1114.

[31] Pan, S. J. , Yang, Q. . A Survey on Transfer Learning[J]. IEEE Transactions on Knowledge and Data Engineering, 2009, 22(10): 1345-1359.

[32] Peters, J. , Schaal, S. . Reinforcement Learning for Operational Space Control[C]. IEEE International Conference on Robotics and Automation, 2007.

第 8 章　基于逆强化学习的艺术风格学习及水墨画渲染

笔触是在众多传统艺术绘画形式中被 GIMP、Photoshop 和 Painter 等现代计算机图形工具广泛使用的风格之一。本章我们介绍一种面向非真实感渲染的 AI 辅助艺术创作（A4）系统，该系统可以使用户自动生成特定艺术家风格的笔触绘画。具体地，本章在基于强化学习的笔触生成框架下，利用逆强化学习从视频捕获的笔触数据中学习艺术家的绘画风格，实现了艺术风格行为的模型化。此外，利用正则化参数探索策略梯度算法（R-PGPE 算法）提高笔触生成的稳定性。最终，通过实验验证了本章提出的 A4 系统可以成功学习艺术家的风格，并动态实现个性风格的水墨画艺术风格转化。

8.1　研究背景

随着数字绘画与设计的推进，艺术风格化（Artistic Stylization）作为数字笔刷引擎核心[1]，被广泛应用于创意工具软件（如 Photoshop、Painter、Celsys Retas Studio 等）当中。非真实感渲染的艺术风格化绘制（Non-Photorealistic Rendering，NPR）使用户能够以传统艺术形式的外观对图片进行风格化处理，如点彩画、线条素描或笔触画等[2]。基于笔触的绘制（Stroke-Based Rendering，SBR）方式是解决艺术绘制问题的有效方法，被大量应用在动画、游戏的角色、道具和场景可视化效果中。

本章目标是开发一个面向艺术风格化的笔触渲染系统。本节，我们首先回顾了笔触渲染在计算机图形学和人工智能领域的背景，然后概述了我们提出的面向艺术风格化的渲染系统[3][4]。

8.1.1 计算机图形学背景

在非真实感渲染中，绘画效果生成是指开发计算机程序来生成具有绘画风格的图像。它主要分为两大类：基于物理模型的渲染（Physics-Based Rendering）和基于笔触的渲染（Stroke-Based Rendering）。

基于物理模型的渲染着眼于如何在计算机模拟环境中重现具有真实感的绘画工具和绘画流程。从而，用户可以拿着电子笔等交互输入设备，得到如使用真实笔墨的绘画感觉。从系统实现的角度讲，虚拟三维笔刷的建立主要考虑如何优化若干不同物理属性模型的配合（如笔毛三维形状、物理弹性特性、颜料的流体扩散等）[5][6]。对于交互使用笔刷的用户，虚拟三维笔刷可以给用户带来逼真的体验。然而，自动控制三维笔刷是难以实现的，原因在于笔刷模型具有动力学 6 个自由度以及成千上万的笔毛模型。另外，如果要满足人们对渲染效果的要求，必须依赖于大规模图形处理单元的计算[7]。

为了突破基于物理模型的渲染在实时运算性能及自动绘制上的瓶颈，基于笔触的渲染应运而生，它把直接模拟笔刷在纸面上的最终效果作为目标。具体类型包括勾边线、笔触以及多笔触效果的纹理等。这种基于笔触的渲染支撑了众多艺术渲染方法[8]，尤其是模拟传统手绘绘画风格，如油画、水彩画及素描画等。由于其使用方便的特性，其面向的用户不仅是专业级的设计师，而且包括对于美术感兴趣但不熟练绘画技巧的不同用户。在此类问题研究中，学者们主要集中研究如何学习图形图像中的美化（Beautification）要素[9]。在较早的文献[10]中，Pavlids 等集中探讨了利用线段间的相互关系来美化几何绘制效果。类似地，Igarashi 等提出了对于手绘风格的美化分析及模拟[11]。

近年来，学者把研究不但集中在美化手绘风格图片结果上，而且更加侧重于用算法学习并重现个性化的艺术风格。目前，绝大多数学者把研究集中在线描画（Line Sketching）的艺术风格学习上。例如，Baran 等提出了能够保留曲线细节风格的线描画算法[12]。Orbay 等提出了一个可以自主学习绘画行为的线描算法[13]。Zitnick 等将线描拓展到了具有个性化风格的文字手写模拟应用中[1]。然而，这类基于几何曲线分析的线描风格学习算法不能直接应用到笔触合成问题中。诸多研究[14-16]均利用采集来的真实纹理来拼接目标形状的笔触。对于简单的目标笔触，这类“剪切–粘贴–打补丁（Clip-and-Paste）”的方式可以胜任。然而，其显著缺陷在于片段纹理被多次使用而产生僵化的重复感影响笔触的美观。更致命地，对于较为复杂形状的笔触来讲，纹理的过度变形会更加影响渲染效果。因此，更难以保证笔触艺术风格的一致性。

8.1.2　人工智能背景

与上述计算机图形学中的方法不同，本章提出一套基于艺术风格特征学习的方法来实现笔触的自动绘制系统。该系统训练了一个笔刷智能体，以使用特定艺术家的笔画视频来学习其运动行为模型。由于笔刷智能体是通过基本笔触形状进行的局部训练，即使渲染目标笔触与艺术家所提供样本形状完全不同，系统也可以渲染新的形状的笔触。对于非专业用户只需单击几个按钮，即可将自己选定的图片呈现为特定艺术家的风格，非常适合图像的艺术风格。

相关工作[17]提出了一种基于强化学习的笔触渲染方法，它允许用户自动生成自然顺滑的笔触。基于强化学习的渲染方法将笔刷建模为笔刷智能体，将笔触生成建模成马尔可夫决策过程，利用策略梯度算法训练笔刷智能体学习笔触生成策略。具体地，首先让笔刷智能体通过提供的笔画样本学习笔触生成策略，并将其应用到绘画系统。在系统中，由用户提供图片并勾勒出所感兴趣的轮廓，将所学到的策略应用到所勾勒的轮廓中，最终生成渲染图片。

本章对上述基于强化学习的渲染方法进行拓展，以能够纳入个人艺术风格，实现一种面向艺术风格化的渲染系统。我们认为动态行为是画家个性化风格的重要体现，传统方法中的风格化评价函数是人为设计的[17]，我们难以通过手工调整奖励函数的参数来实现特定艺术家风格的目的。因此，本章采用逆强化学习（Inverse Reinforcement Learning，IRL）方法构建结构化特征的奖励函数[18]，再基于方差正则化的参数探索策略梯度方法学习笔触生成策略以提高风格学习过程的稳定性[24]。最终，通过实验验证了我们提出的面向艺术风格化的渲染系统能够实现个性化风格学习与绘制。

8.1.3 面向艺术风格化的渲染系统

本节介绍用于生成画笔笔触的面向艺术风格化的渲染系统（AI-aided art authoring system，A4 系统），该系统包括两个阶段：离线艺术风格学习阶段和在线自动绘制阶段（如图 8-1 所示）[3]。

在离线艺术风格学习阶段，主要任务是训练笔刷智能体，以便以艺术家的绘画风格合成笔画。具体包括 3 个步骤：①艺术风格化复杂多媒体数据采集与特征提取算法设计；②针对艺术风格量化评价的基于逆强化学习的奖励函数学习；③基于 R-PGPE 算法的笔触渲染策略学习，此部分内容详见 8.3 节。

在在线自动绘制阶段，A4 系统提供了一个快速和易于使用的图形用户界面。给定一幅输入的图片或照片，即使是非专业的用户也可以用闭合的轮廓或简单的曲线勾画出所需的线条形状。这样用户就可以通过描绘所需笔画的位置和姿态专注于发展艺术作品的概念。此部分不作为本章重点研究内容，其简介见 8.4 节。

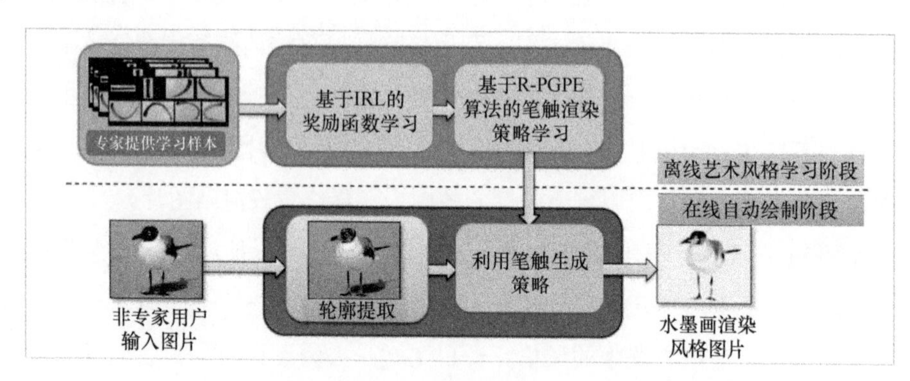

图 8-1 面向艺术风格化的渲染系统（A4 系统）概述

8.2 基于强化学习的笔刷智能体建模

为了利用强化学习方法来解决笔触渲染问题，我们首先将笔刷建模为强化学习智能体，笔触渲染问题是离散时间马尔可夫决策过程，在每个时间步长 t 上，观察状态 $\boldsymbol{s}_t \in \boldsymbol{\mathcal{S}}$，选择一个动作 $\boldsymbol{a}_t \in \boldsymbol{\mathcal{A}}$，然后接收状态转变产生的即时奖励 r_t。本节，我们将介绍关于状态及动作的具体设计[17]。

8.2.1　动作的设计

为了产生优美的笔触，笔刷智能体应在给定的边界内正确移动。为此，我们考虑了笔刷智能体的三个基本动作：画笔的移动、笔迹的放大/缩小以及画笔的旋转，如图 8-2 所示。

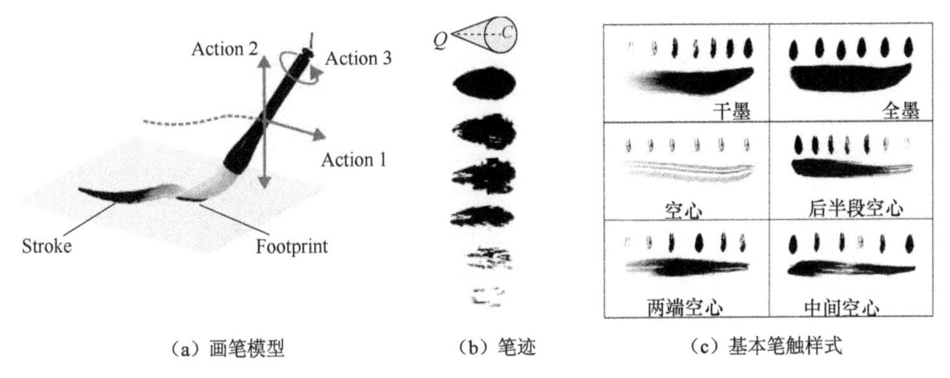

（a）画笔模型　（b）笔迹　（c）基本笔触样式

图 8-2　笔刷智能体及其路径的图示。（a）模型中，通过以下 3 个动作移动画笔产生笔触：动作 1 是画笔沿当前路径的移动，动作 2 是向下压/向上抬起画笔，动作 3 是旋转笔杆。（b）最上面的符号表示笔刷智能体，它由笔尖 Q、中心为 C 及半径为 r 的圆组成。其他图片说明了具有不同量的真实画笔的笔迹。（c）有 6 种基本笔画样式：干墨、全墨、空心、后半段空心、两端空心和中间空心。每个笔画顶部的小笔迹显示插值顺序

由于正确覆盖整个所需区域是最重要的问题，因此我们将画笔的移动视为主要动作（动作 1）。动作 1 指定笔刷智能体的速度矢量相对于中间轴的角度，该动作由策略学习算法中的策略函数确定。在实际应用中，笔刷智能体应该能够处理各种规模的任意笔画。为了在不同比例下实现稳定的性能，我们自适应地更改了相对于当前笔迹比例的笔刷移动速度。

动作 2 和动作 3 会根据动作 1 自动进行优化，以满足以下假设：笔刷智能体的尖端应接触边界的一侧，同时，笔刷智能体的底部应与边界的另一侧相切。如果不能通过调整动作 2 和动作 3 满足上述假设，新的笔迹将保持与当前

笔迹相同的姿势。

8.2.2 状态的设计

笔刷智能体的状态空间设计相对于其周围形状（如边界和中间轴），以学习独立于特定的整体形状。为此，我们首先提取给定对象的边界，然后计算中间轴 M，如图 8-3 所示。我们使用全局度量（在全局笛卡尔坐标下的笔迹的姿势配置）和相对状态（相对于局部周围环境的笔刷智能体的姿势和运动信息）来描述状态。相对状态基于全局测量值进行计算。因此，整体测量和相对状态都应被视为 MDP 的状态。但是，对于回报的计算和策略的设计，我们仅使用相对状态，这使笔刷智能体可以学习任意新形状的绘图策略。

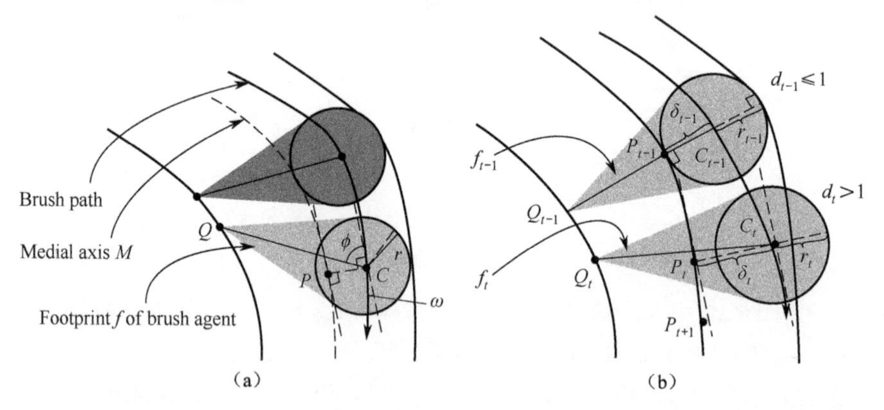

图 8-3　状态设计说明图。（a）笔刷智能体及其路径示意图。笔刷智能体由尖端 Q 和中心为 C 且半径为 r 的圆组成。P 是 M 到 C 的最近点；（b）偏移距离 δ 与半径 r 之比 d 的图示。笔迹 f_{t-1} 位于绘图区域内。中心为 C_{t-1}，且尖端为 Q_{t-1} 的圆触及边界。在这种情况下，$\delta_{t-1} \leqslant r_{t-1}$ 且 $d_{t-1} \in [0,1]$。另一方面，f_t 越过边界，并且 $\delta_t > r_t$ 和 $d_t > 1$。实现中，将 d 限制在 $[-2,2]$

相对状态空间设计包括两个部分：当前周围的形状和即将出现的形状。更具体地说，我们的状态空间由 6 个特征组成（如图 8-3 所示），表示为 $\boldsymbol{s} = (\omega, \phi, d, \kappa_1, \kappa_2, l)$，其中：

（1）$\omega \in (-\pi, \pi]$：笔刷智能体速度矢量相对于内侧轴的角度；

（2）$\phi \in (-\pi, \pi]$：笔刷智能体相对于中间轴的前进方向；

（3）$d \in [-2,2]$：在笔刷智能体半径上，从笔刷智能体中心 C 到中间轴 M 上最近点 P 的偏移距离 δ 与半径 r（见图 8-3（b））之比（$|d| = \delta / r$）。d 取正/负值：当笔刷中心位于内侧轴的左侧/右侧时，d 为 0；当笔刷智能体的中心在中轴时，d 取值为 0；当笔刷智能体位于边界内时，d 取[−1,1]中的值；当笔刷智能体超出了一侧的边界时，d 取[−2,−1]或 (1,2]。在我们的系统中，笔刷的中心被限制在形状内。因此，d 的极值为±2，表示笔刷智能体的中心在边界内。

（4）$\kappa_i\,(i=1,2) \in [0,1)$：$\kappa_1$ 提供关于点 P_t 的当前周围信息，而 κ_2 提供关于点 P_{t+1} 的即将到来的形状信息，如图 8-3 所示。计算方法为

$$|\kappa_i| = \frac{2}{\pi}\arctan\left(\frac{\alpha}{\sqrt{r_i^{'}}}\right) \tag{8-1}$$

其中 α 是控制对曲率敏感度的参数，$r_i^{'}$ 是曲线的半径。更具体地，当形状是直的、左弯曲或右弯曲时，该值分别取 0、负或正值，并且该值越大，曲线越紧。在整个设计中，我们使用固定值 $\alpha = 0.05$。

（5）$l \in \{0,1\}$：二进制标签，指示笔刷智能体是否移动到先前笔迹所覆盖的区域。$l = 0$ 表示笔刷智能体移动到先前笔迹所覆盖的区域。否则，$l = 1$ 表示它移动到一个未覆盖的区域。

8.3　离线艺术风格学习阶段

为了综合画家个人风格的绘画意象形成全局风格一致的作品，我们通过扩展已有的基于强化学习的笔触渲染方法[17]来构建具备样式学习能力的笔刷智能体，总体框架如图 8-4 所示。要了解特定艺术家的笔画绘画风格，我们从画笔运动和画布上的绘画中收集笔画数据，然后从收集的数据中学习奖励函数。在本节中，我们首先描述数据收集过程的详细信息，然后介绍奖励函数的学习方法及渲染策略的学习方法。

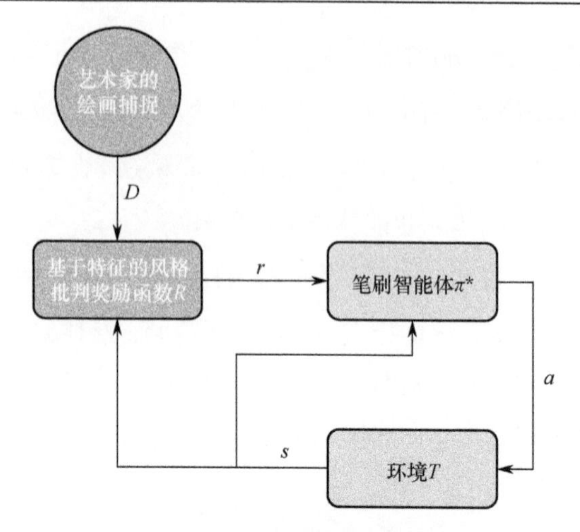

图 8-4 面向艺术风格化的笔刷智能体。我们的系统是现有方法[17]（以黄色标记）的扩展，用于捕获艺术家创作过程以学习风格化创作行为特征

［彩色图见书后彩插］

8.3.1 数据采集

首先，我们设计了如图 8-5 所示的设备来记录笔刷运动。为了避免手被遮挡，将数字单镜头反光照相机安装在设备框架的底部，而不是从艺术家的角度记录运动。数据收集是在普通的室内照明条件下进行的，因此无须实时进行自动摄像机校准。将传统的亚洲书法纸放在设备顶部的透明玻璃板上。在每个数据收集绘画中，要求艺术家在玻璃面板上绘制带有各种笔触的熊猫，当艺术家将画笔浸入传统书法墨水中并开始绘制笔触时，便捕获了其画笔动作。

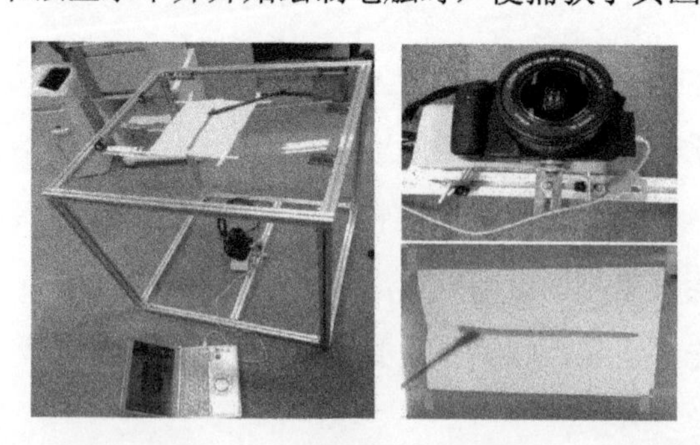

图 8-5 画笔动态行为捕获设备图示。左侧图片显示了笔迹捕获设备的整个配置。右上方图片显示了数码单镜头反光相机。右下方图片所示的是用于捕获笔画的玻璃面板

我们将笔画的录制视频分成帧以分析笔刷的运动，如图 8-6（c）所示。对于每帧，我们应用基于模型的跟踪技术[19]并检测笔刷笔迹的姿势配置，例如，笔刷运动信息（速度、前进方向和姿势）以及相对位置信息随时间变化到目标所需形状。然后，我们应用主成分分析方法计算笔迹的主轴[20]，主轴定义了笔迹的方向。最后，通过匹配笔迹的模板来确定笔迹的配置，笔迹的模板由尖端 Q 和以中心 C 为半径 r 的圆组成。

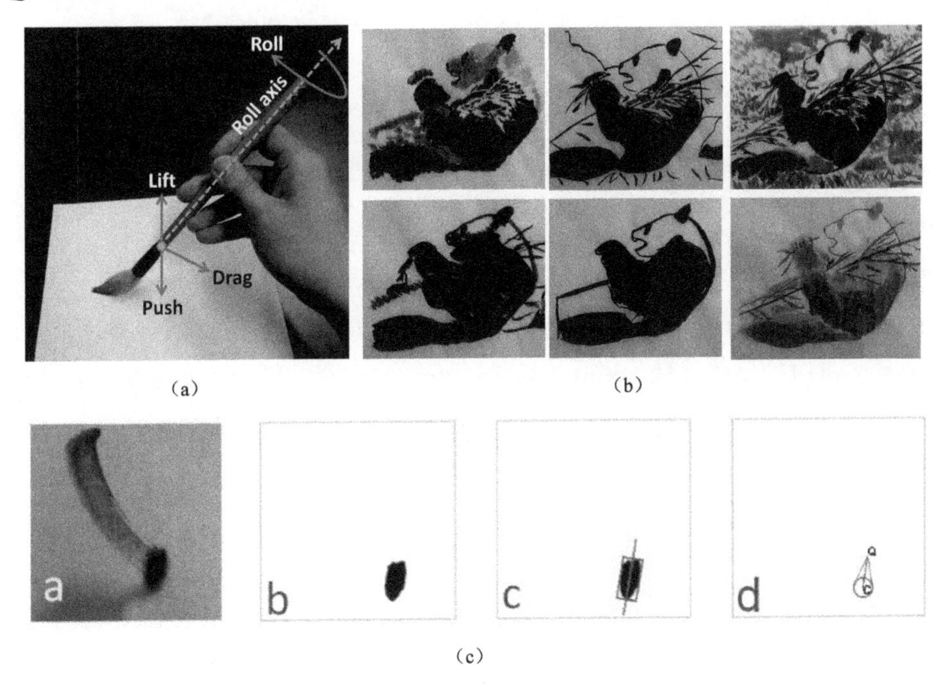

图 8-6　数据采集。（a）通过以下三个动作移动画笔会产生笔触：动作 1 是调节画笔的移动方向；动作 2 是向下推/向上提起画笔；动作 3 是旋转画笔手柄。（b）来自 6 位艺术家的真实数据。每张图片对应一位艺术家，可以观察到他们绘画风格的差异。（c）笔迹捕获过程。二维画笔模型，其笔尖为 Q，圆心为 C，半径为 r

8.3.2　基于逆强化学习的奖励函数学习

在前期工作[17]中，奖励函数是根据专家知识手动设计的，可以产生令人满意的渲染结果。手工奖励函数的设计集中在对画作本身的分析与风格特点的表达上，主要针对艺术多媒体数据提取静态特征。然而，由于静态特征存在平面化、局部化和非连续化的约束，以至于难以保证风格化的全局一致性。为此，我们设计了奖励函数，以测量笔刷智能体的笔画运动的质量。首先，平稳的运动应产生较高的瞬时奖励值。我们通过考虑以下因素来计算瞬时奖励值：①当前时间步长的笔刷智能体中心与形状中轴上的最近点之间的距离；②执行以下操作后，更改笔刷智能体的本地配置

$$R(s_t,a_t,s_{t+1})=\begin{cases}0 & \text{if } f_t=f_{t+1} \text{ or } l=0 \\ 1/C(s_t,a_t,s_{t+1}) & \text{otherwise}\end{cases} \tag{8-2}$$

其中，s_t表示t时刻的状态，a_t表示t时刻的动作，f_t和f_{t+1}分别是时间步t和$t+1$的笔迹。这种奖励设计意味着当笔刷被$f_t=f_{t+1}$的边界阻塞时，或者当笔刷向后退回到$i<t+1$的先前笔迹f_i覆盖的区域时，瞬时奖励为零。$C(s_t,a_t,s_{t+1})$计算笔迹从时间t到$t+1$的消耗成本

$$C(s_t,a_t,s_{t+1})=\alpha_1|\omega_{t+1}|+\alpha_2|d_{t+1}|+\alpha_3\Delta\omega_{t,t+1}+\alpha_4\Delta\phi_{t,t+1}+\alpha_5\Delta d_{t,t+1} \tag{8-3}$$

其中前两项测量有关智能体位置的损耗，而后三项测量有关笔刷智能体从时间t移至$t+1$时的姿势损耗。更具体地说，$\Delta\omega_{t,t+1}$和$\Delta\phi_{t,t+1}$及$\Delta d_{t,t+1}$速度矢量的角度ω，航向ϕ和时间t与时间$t+1$之间的偏移距离之比d的归一化变化

$$\Delta\omega_{t+1}=\begin{cases}1 & \text{if } \omega_t=\omega_{t+1}=0 \\ \dfrac{(\omega_t-\omega_{t+1})^2}{(|\omega_t|+|\omega_{t+1}|)^2} & \text{otherwise}\end{cases} \tag{8-4}$$

以相同的方式定义$\Delta\phi_{t,t+1}$和$\Delta d_{t,t+1}$。为此设置5个参数$\alpha_1,\alpha_2,\cdots,\alpha_5$，使得奖励函数能够反映艺术家的作画风格，我们使用最大余量逆强化学习方法对其进行学习[18]，从而可以通过$\alpha_1,\alpha_2,\cdots,\alpha_5$的值来推断出艺术家的个人风格。

8.3.3 基于 R-PGPE 算法的渲染策略学习

在强化学习当中，策略梯度方法在诸多复杂系统设计中获得了巨大的成功。然而，策略梯度方法依然存在策略梯度估计可靠度不高的问题[21]。为了缓解方差大的问题，PGPE 算法被提出并得到广泛应用[22]。PGPE 算法的基本思想是使用确定性策略，通过从先验分布中提取参数来引入随机性。更具体地说，在每个轨迹开始时，参数从先验分布中采样，然后控制器是确定性的。由

于采用了这种基于轨迹的采样模式，PGPE 算法中的梯度估计值的方差不会随着轨迹长度的增加而增加[23]。通过最优基线技术，可以进一步稳定 PGPE 算法的梯度估计[23]。然而，这些方法都仅在策略更新的过程中实现了稳定化，并没有直接对梯度估计的方差进行处理。因此，针对其方差进一步的稳定成为了解决强化学习问题的最大挑战之一。

本章采用直接将策略梯度方差设定为正则项的方法，由此来显式地针对梯度的方差进一步地降低。具体地，我们选定具有方差正则项的参数探索策略梯度算法（R-PGPE 算法）作为 A4 系统中笔触渲染策略的学习方法[24]。

8.4　A4 系统用户界面

本节结合上述理论研究成果，我们构建面向移动互联网的自动艺术绘制智能辅助系统。系统允许用户与移动交互界面进行交互，将表示绘制意图的自然勾画作为输入，选择具有某一特定艺术风格的行为决策智能体完成自动绘制任务。与现有的智能绘制系统相比，该系统将在保证实时性的同时，提供具有真实画家的风格化及逼真的绘画材质效果。

我们提出了一个基于 Web 的绘画用户界面，以供初学者进行绘画的协作创作和教育。艺术风格化渲染系统——A4 系统通过网页技术加以实现。因此，能够有效地实现跨平台使用，图 8-7 分别展示了在 PC 端和 iPad 端界面的系统演示效果。下面我们介绍 A4 系统的基本功能。

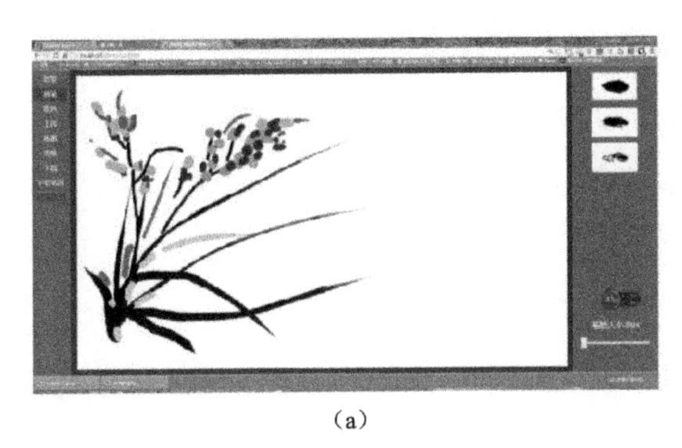

（a）

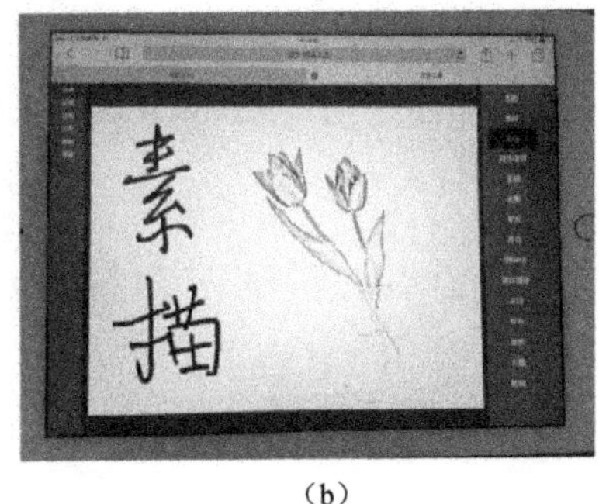

（b）

图 8-7　A4 系统跨平台界面。（a）PC 端界面。（d）iPad 端界面

（1）图片上传功能（如图 8-8 所示）。用户上传了一张图片后系统能够自动识别图片比例，将 canvas 调整到合适的大小。系统采用了“层（layer）”技术，使得修改背景图片后原有的笔画效果仍能够得到保留。利用系统提供的“清除功能”，能够将所有的笔画和特效清除，只保留背景图。

图 8-8　A4 系统图片上传功能

（2）笔触功能（如图 8-9 所示）。在系统界面的右下角，用户可以拖动滑动条来改变笔触大小。为了更清楚地观看效果，图 8-9 展示了不同的笔触图片在 20px 的笔触大小下的效果。左侧为单个笔触大小图片，可以看到笔触的形状不同。每一个笔画中间部分，由于速度较快，程序会采用较为“稀疏”的笔触图片来填充，形成了类似真实的笔墨效果。图 8-9 中间子图是将笔触的路径同时画在了画布上用于比较。从图中我们可以看到，笔画开始的部分采样点比较密集，笔画显得粗实，中间的采样点比较稀疏，笔画的形状、浓度和透明度都发生了变化。但是由于做了过渡处理，整个笔画不会有明显的突变，十分连贯。此外，图 8-9 还展示了不同颜色下的笔触状态。我们可以看到，在保持笔触形状的基础上，程序只对笔触的颜色进行了改动，最大化地减少了笔触图片的数量，由于在创建笔触时就对图片进行了统一处理，因此并不会产生太大的运算量。

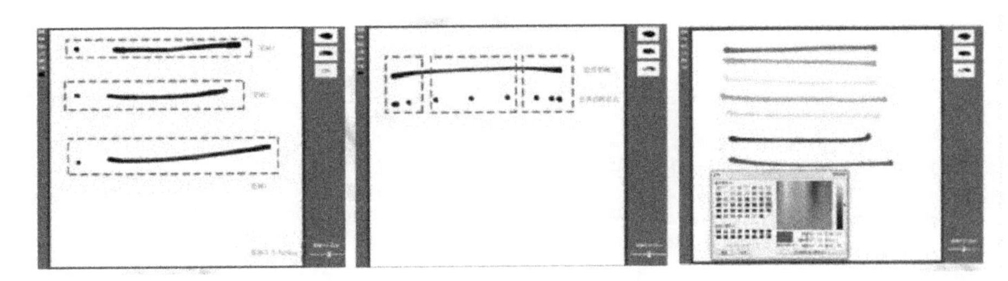

图 8-9　笔触与原路径点对比

［彩色图见书后彩插］

8.5　实验与结果

在本节中，我们通过实验演示 A4 系统中的风格化的奖励函数学习效果及笔触生成的策略学习效果。

8.5.1　渲染策略学习结果

在 A4 系统的策略学习部分，我们比较了两种在实际问题中表现最好的算法：PGPE_{OB} 算法和 R-PGPE_{OB} 算法。R-PGPE_{OB} 算法中的正则化参数 λ 最初设定为10^{-6}，并采用与第 5 章同样的自适应更新模式。初始先验均值 $\boldsymbol{\eta}$ 的每个元素设为 0，初始先验方差 $\boldsymbol{\tau}$ 的每个元素设为 1。PGPE_{OB} 算法的学习率设为 $\varepsilon = 1/\nabla_{\rho}\hat{J}(\boldsymbol{\rho})$，R-$\text{PGPE}_{\text{OB}}$ 算法的学习效率设为 $\varepsilon = 1/\|\nabla_{\rho}\hat{\Phi}(\boldsymbol{\rho})\|$，折扣因子设为 $\gamma = 0.99$。

我们研究了 20 次实验的期望回报的均值，其中每个实验的期望回报是在 60 个新采样的测试轨迹样本上计算的。在每次实验中，策略参数更新迭代 50 次，笔刷智能体在每次迭代中收集 $N = 10$，轨迹长度 $T = 30$ 的路径样本。我们为笔刷智能体提供了各种各样形状的笔画作为训练样本，如图 8-10 所示。在测试过程中，我们评估了最难的笔画，即斜线。图 8-11 描绘了策略迭代过程中的性能，结果表明 R-PGPE_{OB} 算法的表现优于 PGPE_{OB} 算法，R-PGPE_{OB} 算法能够实现稳定的策略更新。这表明，方差正则化策略梯度方法可以产生平滑、自然的笔画。因此，我们在 A4 系统中，采用 R-PGPE_{OB} 算法作为笔触生成的策略学习算法。

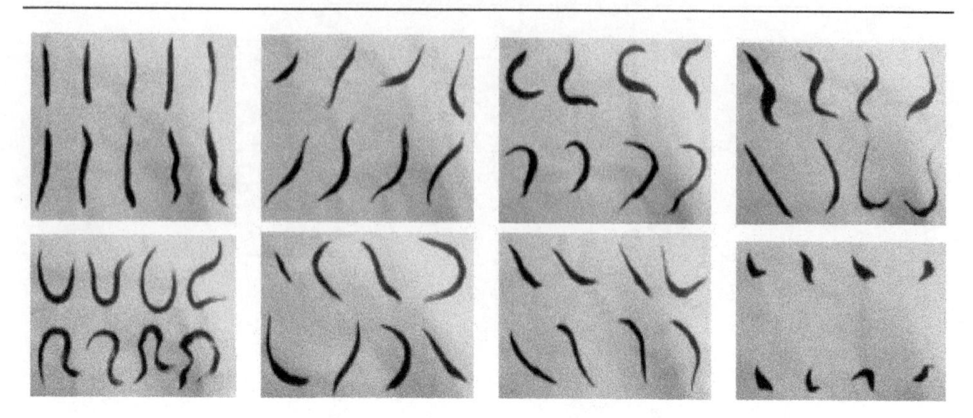

图 8-10　训练数据集中的真实笔画样本

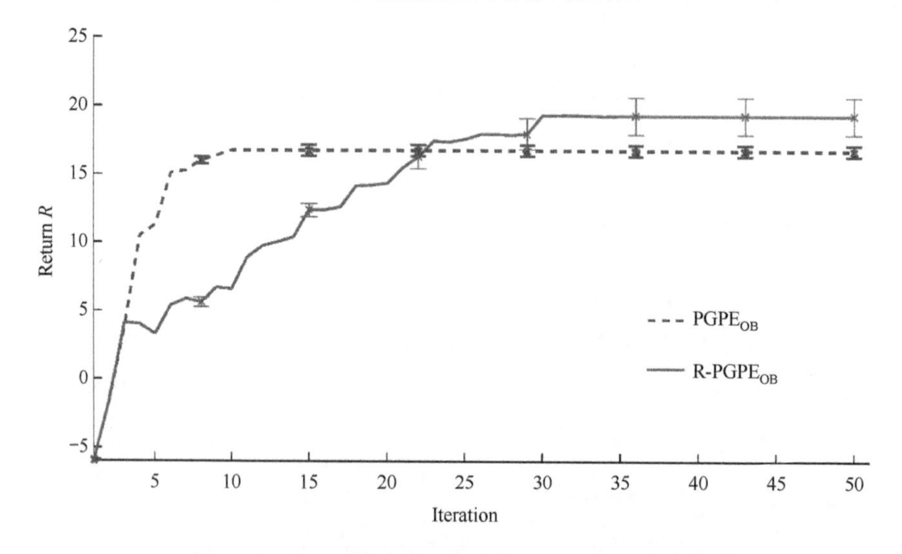

图 8-11　基于笔画渲染的 20 次运行的平均预期收益

由 R-$PGPE_{OB}$ 算法所得到的渲染策略进行简单的笔画渲染，如图 8-12 所示。此外，图 8-13 演示了所学习的策略允许非专家用户以自己的个人风格生成高质量的笔画，如他们喜欢的颜色、纹理和形状。图 8-14 显示了由 R-$PGPE_{OB}$ 算法学习的策略绘制出更复杂的示例，展示了将太阳花的真实照片转换为水墨画的渲染结果，这进一步表明由 R-$PGPE_{OB}$ 算法训练的策略能够为各种未学习的形状生成平滑和自然的笔触。这说明基于 R-$PGPE_{OB}$ 算法所学的策略具有很强的泛化能力。

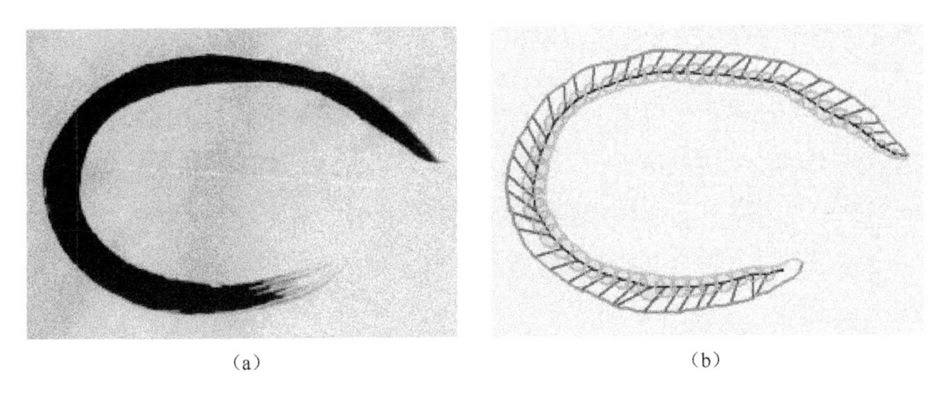

（a）　　　　　　　　　　　　　　（b）

图 8-12　（a）R-PGPE$_{OB}$ 算法学习的策略绘制的简单笔触示例。（b）笔画轨迹

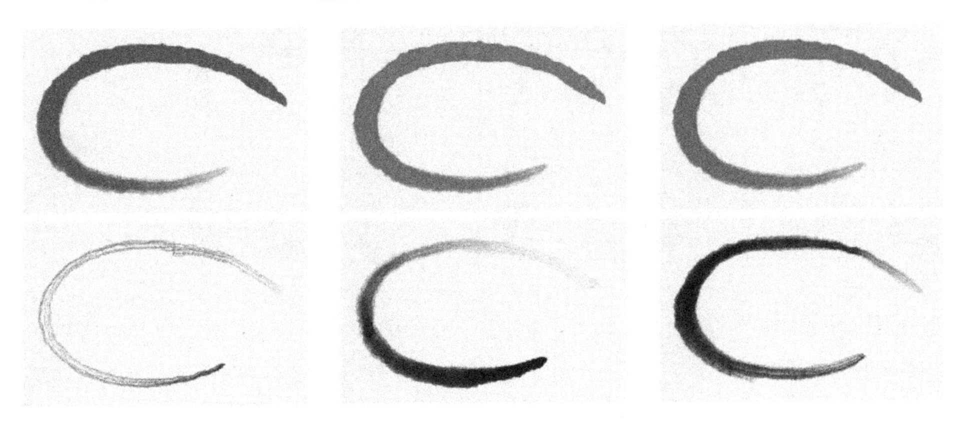

图 8-13　以不同颜色和纹理呈现的简单笔触

（a）Real photo

（b）Rendered result

图 8-14　根据 R-PGPE$_{OB}$ 算法学习的策略绘制的太阳花

8.5.2 基于 IRL 进行笔画绘制的渲染结果

本节我们比较了使用基于 IRL 学习的奖励函数训练的策略和使用手动设计的奖励函数训练的策略结果[17]，如图 8-15 所示。结果显示与传统结果相比，A4 系统更好地捕捉了艺术家的风格。更具体地说，最右边一列中红色标记的两个结果表明，我们渲染的笔触纹理比使用手动设计的奖励函数获得的笔触纹理平滑得多。

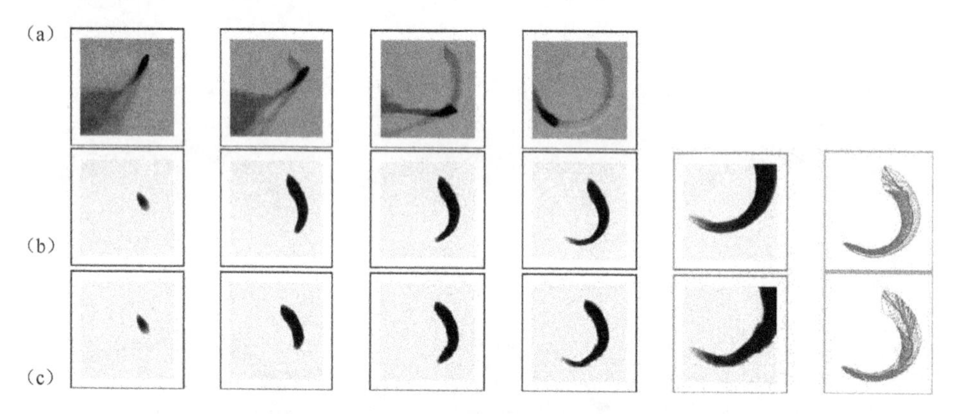

图 8-15 笔画绘制过程的比较。(a) 艺术家的真实数据。(b) 本章提出的基于 IRL 的奖励函数学习方法得到的训练结果。(c) 利用前期工作[17]中的手动设计奖励函数得到的训练结果。绿色框显示画笔轨迹，而红色框显示渲染的细节

[彩色图见书后彩插]

此外，我们还将 A4 系统与商用软件 Photoshop 的滤镜功能进行了对比。我们将 A4 系统获得的策略应用于照片艺术转换系统[25]，从原始图片中手动绘制了所需笔触边界的轮廓，如图 8-16 (a) 所示；利用 Photoshop 的滤镜功能所得结果如图 8-16 (b) 所示；A4 系统所实现的渲染结果如图 8-16 (c) 所示。整体结果表明通过基于 IRL 的奖励函数所得的策略，图形轮廓被平滑的笔触填充，并获得了视觉上合理的效果。因此，本章提出的 A4 系统能够更好地实现水墨画笔触的渲染，而 Photoshop 的滤镜利用掩膜技术主要实现了整体画面的调整。

为了进一步研究基于 IRL 方法的合理性，我们结合普遍采用的“问卷调查”，对收集来的数据进行统计分析得出主观评价结果，对 A4 系统与最新商业

软件 Adobe Photoshop CC 2014 中的 Sumie 过滤器进行对比。我们邀请了 318 个人进行在线问卷调查，按照[26]中的方法进行了定量的用户评价，要求参与者给 4 对绘画结果中（图 8-16 中（b）和（c））哪个更像东方水墨绘画风格，通过用户选择他们喜欢的图像来直接比较观看者的主观审美评估。审美分数如图 8-17 所示，显然，A4 系统比 Photoshop 获得更高的审美分数。

(a)　　(b)　　(c)

图 8-16　A4 系统与 Photoshop 滤镜结果对比（a）原始图像。（b）Photoshop 的艺术滤镜生成效果。（c）A4 水墨画渲染系统

［彩色图见书后彩插］

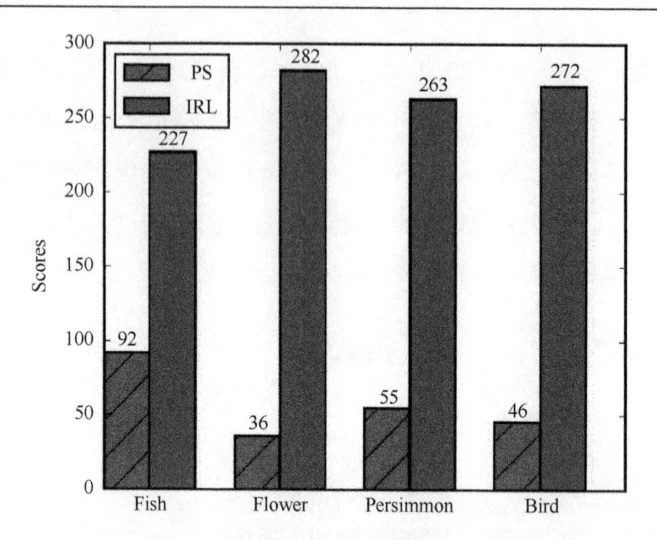

图 8-17 对 318 个候选人进行的审美评估的用户研究，PS 表示 Photoshop 中的滤镜，IRL 表示本章 A4 系统

8.6 本章小结

我们提出了一种 AI 辅助艺术创作系统（A4 系统），以便快速轻松地创建基于笔触的风格化绘画。我们在本章中的主要贡献是：①开发了一种捕捉艺术家笔触的设备；②收集了艺术风格化复杂多媒体数据，并设计特征提取算法；③应用了基于逆强化学习的奖励函数设计实现了艺术风格量化评价；④应用了具有方差正则项的参数探索策略梯度算法（R-PGPE 算法）作为 A4 系统中笔触渲染策略学习方法；⑤通过对比实验验证了 A4 系统实现风格化水墨画笔触的渲染。

艺术家绘画运动的数据对于了解更多信息至关重要。在未来工作中，我们希望升级捕获系统，以便不仅可以记录 2D 画布，还可以记录艺术家在 3D 空间中的绘画信息。另外，有必要进一步探索自动提取给定图片的轮廓以简化非专业用户的操作过程，为手绘轮廓的中级特征信息学习和检测基于局部轮廓的表示形式。此外，人的手部动作对于学习风格也很重要，可探索将其纳入奖励函数中量化特征的可行性。

参考文献

[1] Zitnick, C. L. . Handwriting Beautification Using Token Means[J]. ACM Transactions on Graphics, 2013, 32(4):53:1–53:8.

[2] Durand, F. . An Invitation to Discuss Computer Depiction[C]. In: Proceedings of the 2nd ACM Int’l Symposium On Non-Photorealistic Animation and Rendering, 2002:111–124.

[3] 谢宁，赵婷婷，杨阳，等. 基于创意序列学习的艺术风格学习与绘制系统[J]. 软件学报, 2018, 29(04):179-192.

[4] Xie, N. , Yang, Y. , Shen, H. T. , et al. Stroke-based Stylization by Learning Sequential Drawing Examples[J]. Journal of Visual Communication and Image Representation, 2018, 51:29-39.

[5] Chu, N. , Tai, C. L. . Real-time Painting with an Expressive Virtual Chinese Brush[J]. IEEE Computer Graphics and Applications, 2004, 24(5):76-85.

[6] Chu, S. H. , Tai, C. L. . MoXi: Real-time ink dispersion in absorbent paper[J]. ACM Trans. Graph, 2005, 24(3):504-511

[7] Chu, S. H. , Ba Xter, W. , Wei, L. Y. , et al. Detail-preserving Paint Modeling for 3D Brushes[C]. Proceedings of the 8th International Symposium on NPAR, 2010:27–34.

[8] Hertzmann, A, . A Survey of Stroke-based Rendering[J]. Computer Graphics and Applications IEEE, 2003, 23(4):70-81.

[9] Breslav, D. , Hertzmann, S. ,and Kalogerakis, A. , et al. Learning hatching for pen-and-ink illustration of surfaces[J], ACM Transactions on Graphics, 2012 , 31(1):1:1–1:17.

[10] Kang, H. , Lee, S. . Shape‐simplifying Image Abstraction[J]. Computer Graphics Forum, 2008, 27(7):1773-1780.

[11] Igarashi, T. , Matsuoka, S. , Kawachiya, S. , et al. Interactive Beautification: A Technique for Rapid Geometric Design[J]. In: ACM Symposium on User Interface Software and Technology, 1997:105–114.

[12] Baran, I. , Lehtinen, J. , Popovic, J. . Sketching Clothoid Splines Using Shortest paths[J]. Computer Graphics Forum 2010, 29(2):655–664.

[13] Orbay, G. , Kara, L. B. . Beautification of Design Sketches Using Trainable Stroke Clus-tering and Curve Fitting[J]. IEEE Trans. Vis. Comp. Graph. 2011,17(5):694–708.

[14] Xu, S. , Xu, Y. , Kang, S. B. , et al. Animating Chinese Paintings through Stroke-based

Decomposition[J]. ACM Transactions on Graphics, 2006, 25(2):239–267.

[15] Zhao, M. T. , Xiong, C. M. , and Zhu, S. C. . From Image Parsing to Painterly Ren Dering[J]. ACM Transactions on Graphics, 2010,29 (1):1–11.

[16] Lu, J. , Yu, F. , Finkelstein, A. , et al. Helping Hand: Example-based Stroke Stylization[J]. ACM Transactions on Graphics, 2012, 31(4):46:1–46:10.

[17] Xie, N. , Hachiya, H. , Sugiyama, M. . Artist Agent: A Reinforcement Learning Approach to Automatic Stroke Generation in Oriental Ink Painting[C]. In Proceedings of the 29th International Conference on Machine Learning, 2012.

[18] Abbeel, P. , Ng, A. Y. . Apprenticeship Learning via Inverse Reinforcement Learning[C]. In: ICML, 2004.

[19] Davies, E. R. . Machine Vision: Theory, Algorithms, Practicalities[M]. Elsevier, 2005.

[20] Jolliffe, I. T. . Principal Component Analysis[J]. Journal of Marketing Research, 2002, 87(4):513.

[21] Zhao, T. , Hachiya, H. , Gang, N. , et al. Analysis and improvement of policy gradient estimation[J]. Advances in Neural Information Proceeding System (NIPS) 2011, 24:262-270.

[22] Sehnke, F. , Osendorfer, C. , Thomas Rückstie, et al. Parameter-exploring Policy Gradients[J]. Neural Networks, 2010, 23(4):551-559.

[23] Zhao, T. , Hachiya, H. , Gang, N. , et al. Analysis and Improvement of Policy Gradient Estimation[J]. Neural Networks, 2012, 26(2):118-129.

[24] Zhao, T. , Niu, G. , Xie, N. , et al. Regularized Policy Gradients: Direct Variance Reduction in Policy Gradient Estimation[J]. Proceedings of the 7th Asian Conference on Machine Learning (ACML 2015), 2015, 45:333-348.

[25] Xie, N. , Hamid, L. , Suguru, S. , et al. Contour-driven Sumi-e Rendering of Real Photos[J]. Computers and Graphics, 2011, 35(1):122-134.

[26] Xu, S. , Jiang, H. , Jin, T. , et al. Automatic Facsimile of Chinese Calligraphic Writings[J]. Computer Graphics Forum, 2008, 27(7):1879-1886..

彩插

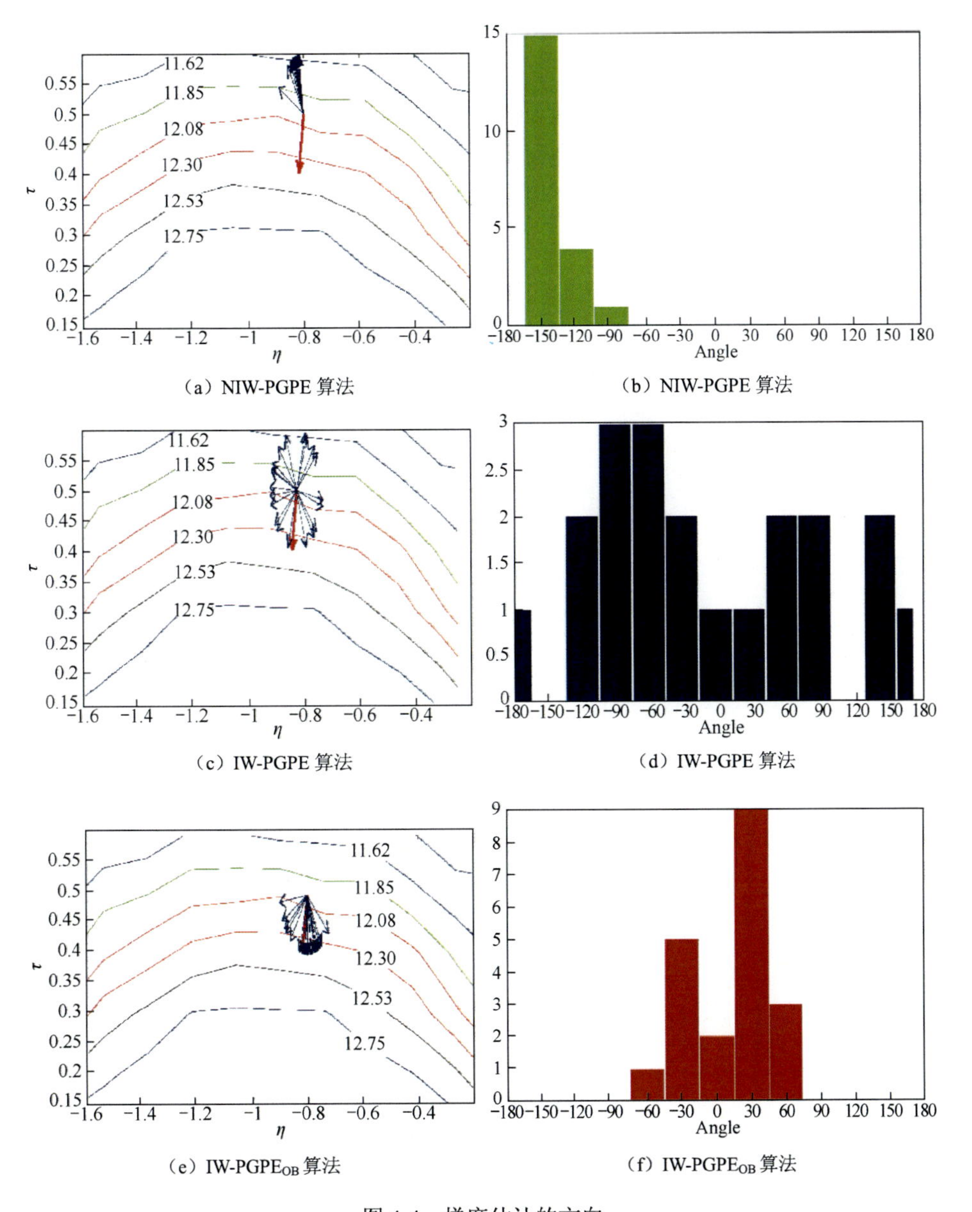

（a）NIW-PGPE 算法　（b）NIW-PGPE 算法

（c）IW-PGPE 算法　（d）IW-PGPE 算法

（e）IW-PGPE$_{OB}$ 算法　（f）IW-PGPE$_{OB}$ 算法

图 4-4　梯度估计的方向

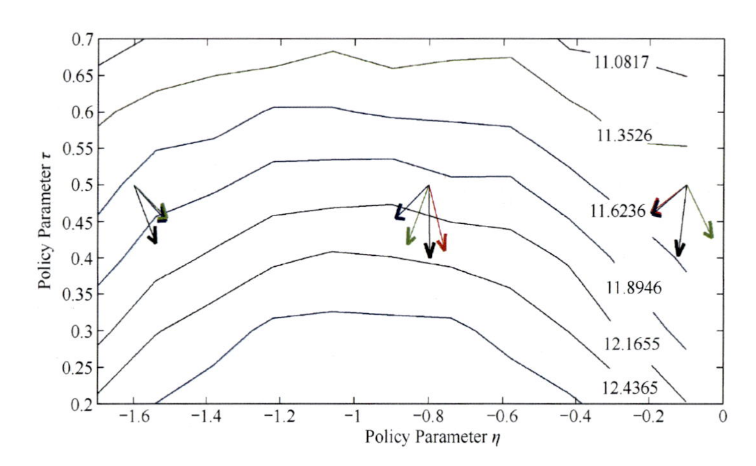

图 5-2　比较四种算法在一步参数更新中的表现：绿色箭头表示 PGPE 算法，黑色箭头表示 R-PGPE 算法，蓝色箭头表示 $PGPE_{OB}$ 算法，红色箭头表示 R-$PGPE_{OB}$ 算法

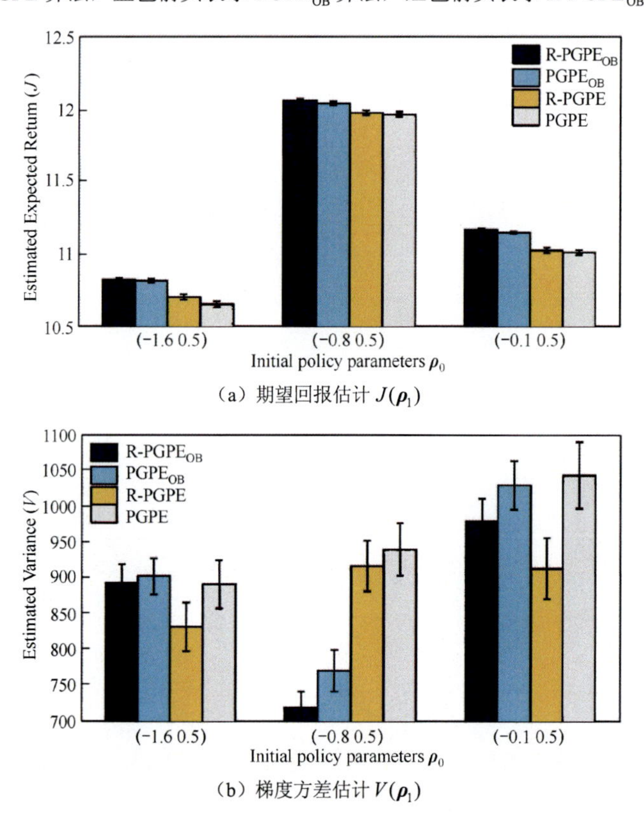

（a）期望回报估计 $J(\boldsymbol{\rho}_1)$

（b）梯度方差估计 $V(\boldsymbol{\rho}_1)$

图 5-3　在 100 次运行中更新后的策略参数的期望回报估计值和策略梯度的估计方差，误差线表示标准误差

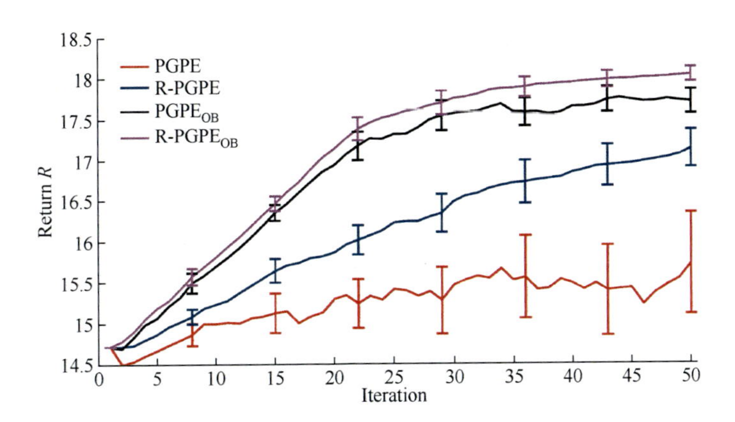

图 5-4 数值示例数据在 20 次实验中获得的平均回报，误差线表示标准误差

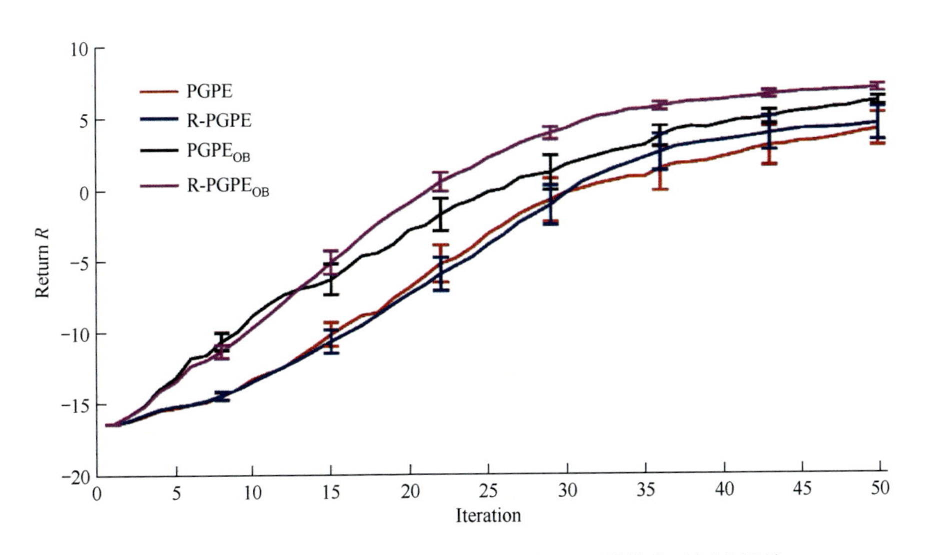

图 5-5 山地车任务运行 20 次的平均回报，误差线表示标准误差

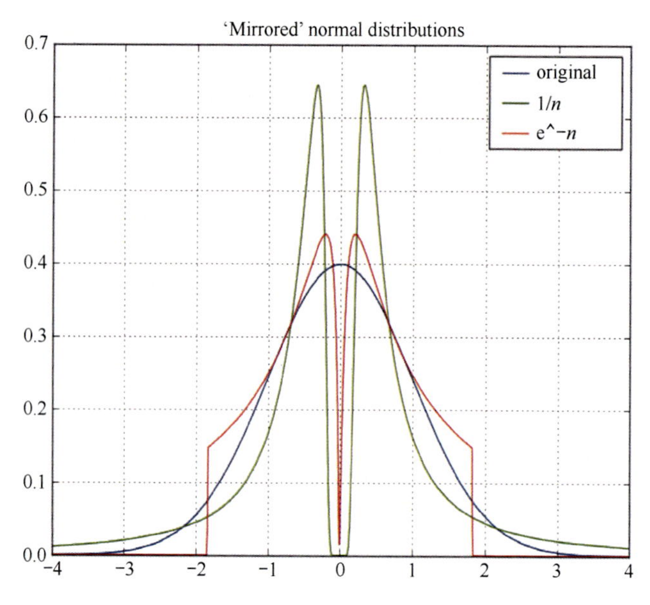

图 6-1　正态分布和镜像分布的两个一次近似

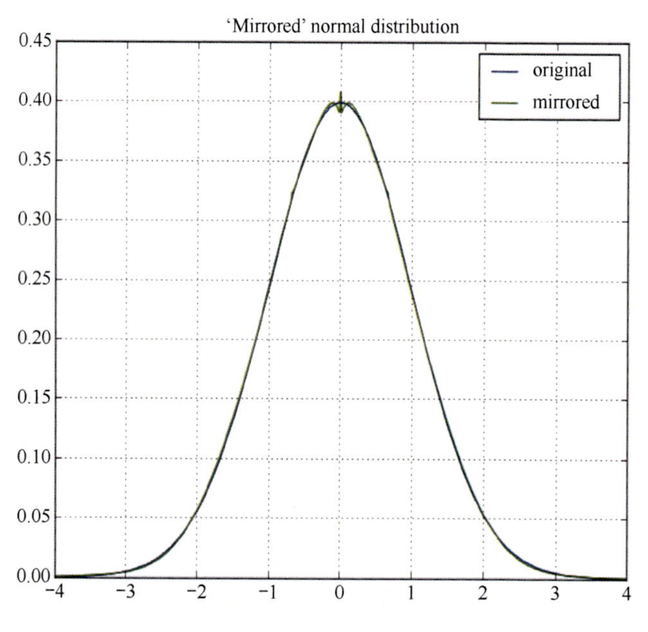

图 6-2　正态分布和镜像分布的最终近似

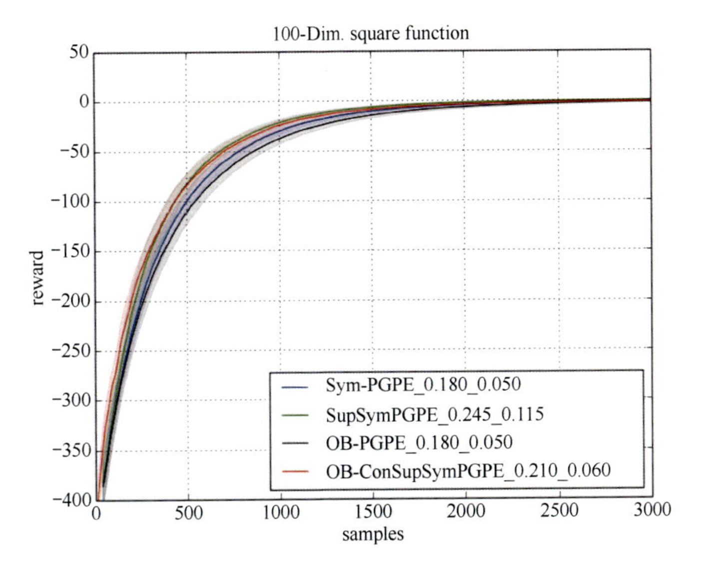

图 6-5　在 100 维平方函数上的迭代结果

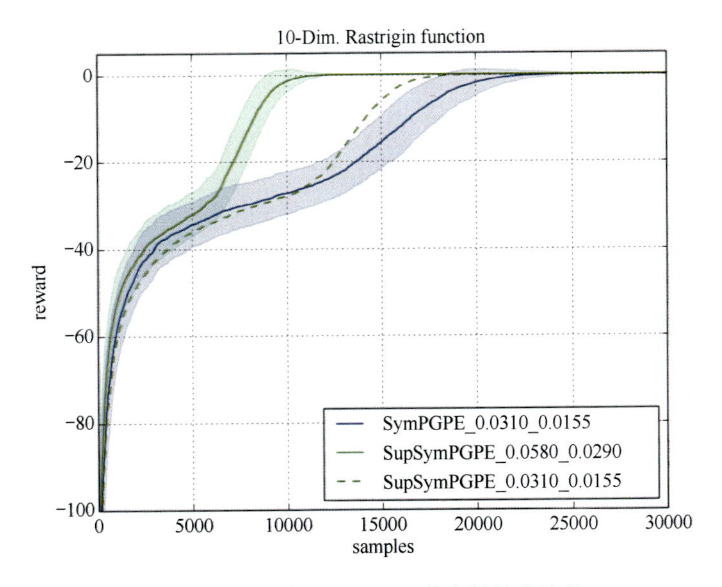

图 6-6　在 10 维 Rastrigin 函数上的迭代结果

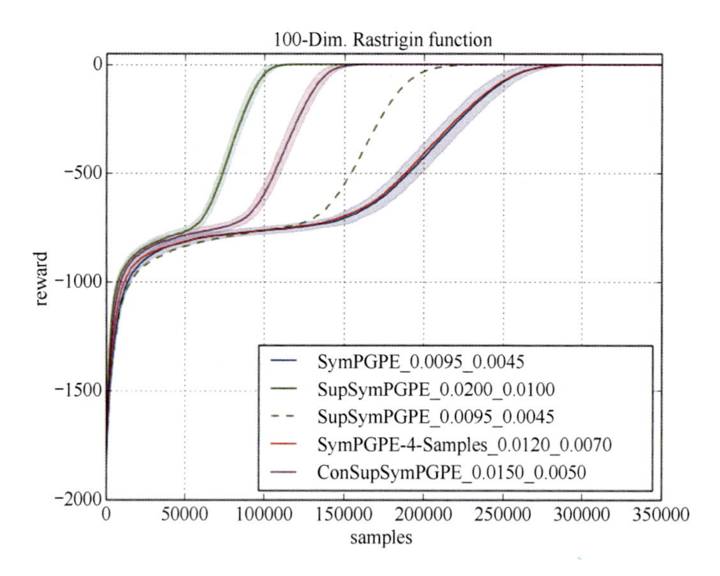

图 6-7　在 100 维 Rastrigin 函数上的迭代结果

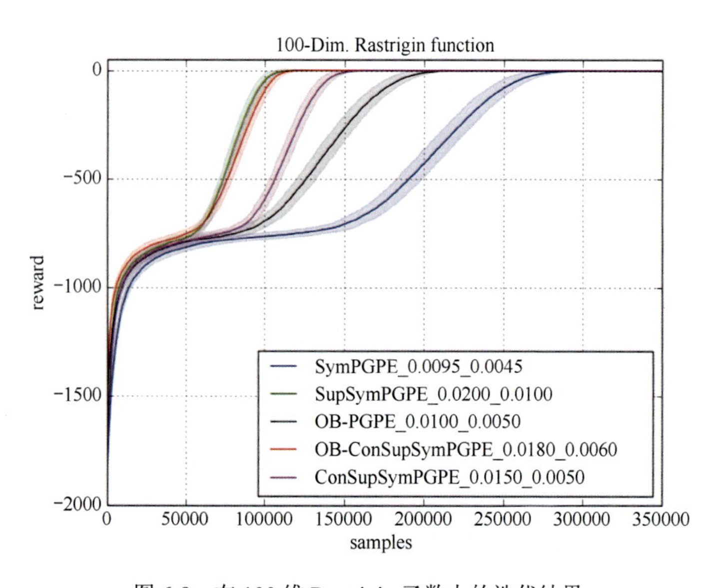

图 6-8　在 100 维 Rastrigin 函数上的迭代结果

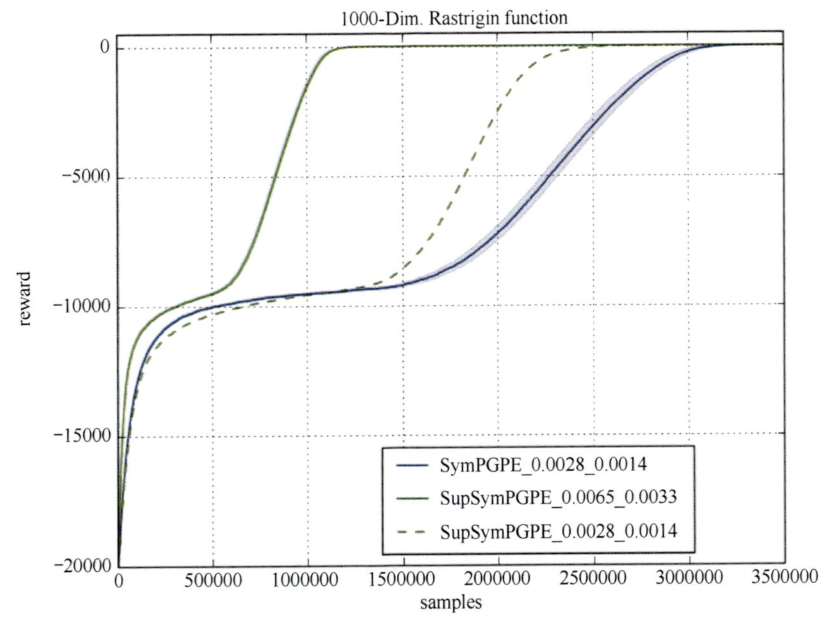

图 6-9 在 1000 维 Rastrigin 函数上的迭代结果

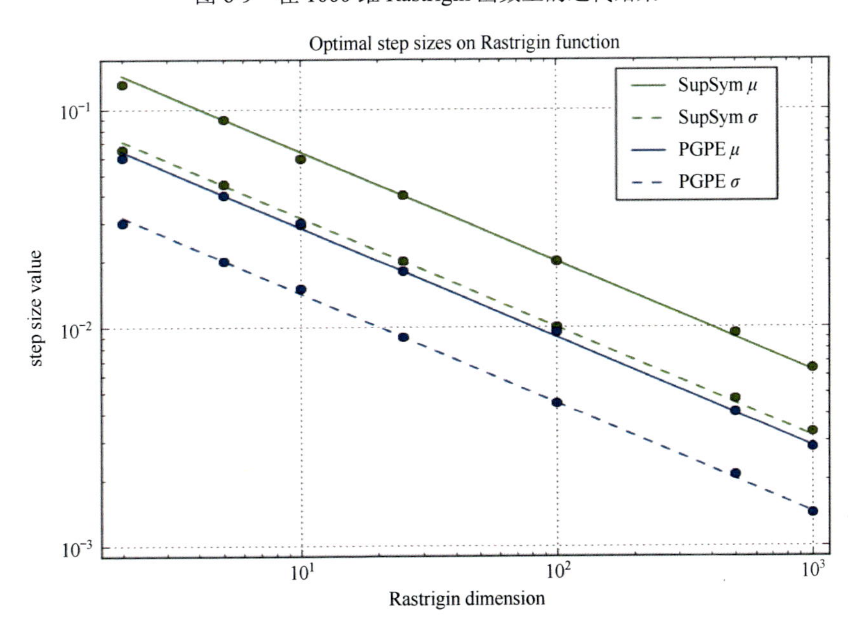

图 6-10 PGPE 算法和 SupSymPGPE 算法对于多维 Rastrigin 函数的最佳元参数

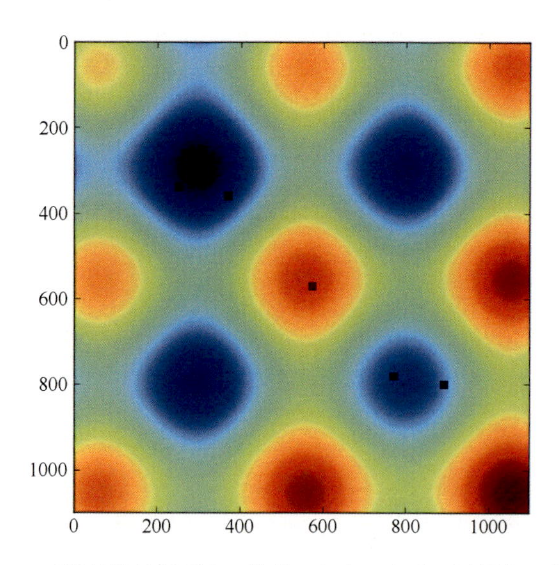

图 6-11　在 Rastrigin 函数的缩放视图中，均值（红色正方形）周围的 4 个超对称样本（蓝色正方形）的可视化。最右侧的第一个样本比当前基线差，会导致具有基线的 PGPE 算法沿着情况更差的方向进行更新。最左边的对称样本会弥补上述错误。这种对称样本对将导致所有维度中探索参数最小，从而增加了陷入当前局部最优的概率。第二对对称样本可修正上述问题，并在一定程度上增大探索参数

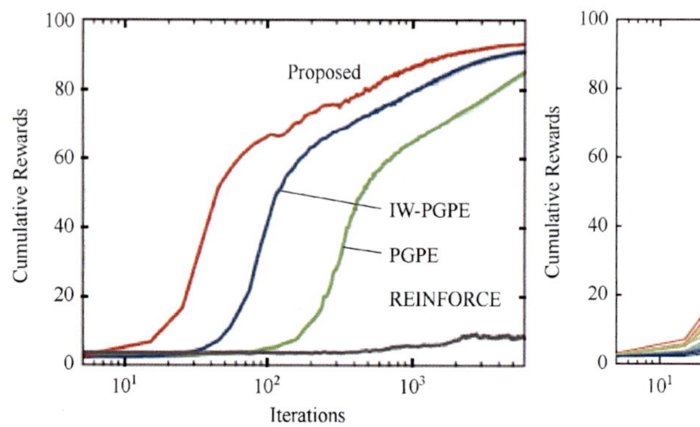

图 7-4　车杆摆动的仿真结果，图中绘制了累积奖励的平均值和标准差。

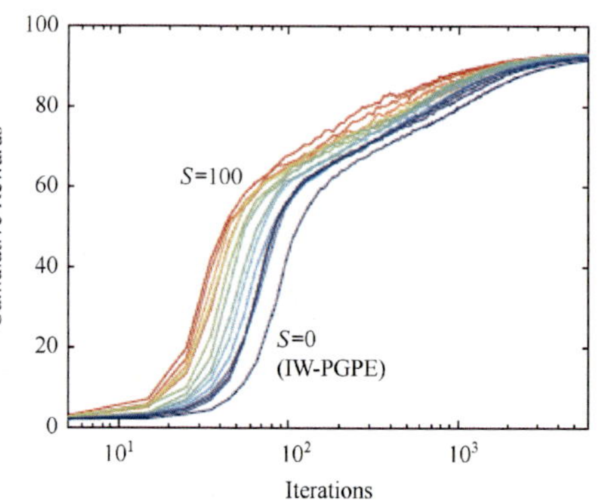

图 7-5　不同递归次数的仿真结果，颜色的差异代表不同的递归参数，*S*=0（蓝色），1，2，3，4，5，10，15，20，30，40，60，80，100（红色）。

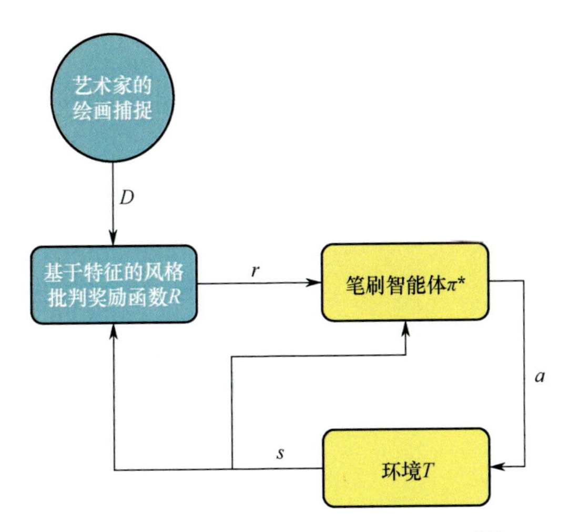

图 8-4　面向艺术风格化的笔刷智能体。我们的系统是现有方法[17]（以黄色标记）的扩展，用于捕获艺术家创作过程以学习风格化创作行为特征

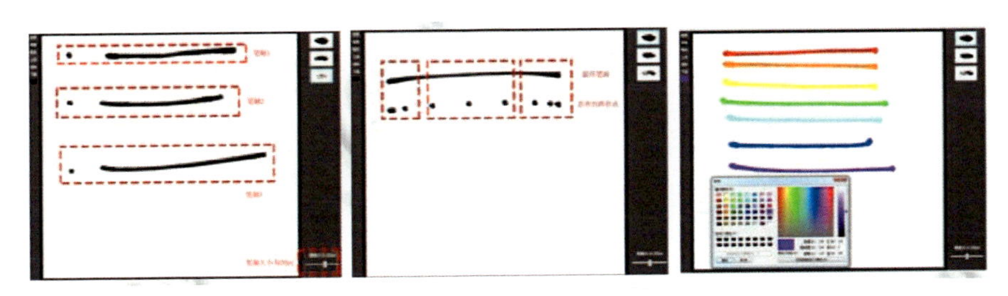

图 8-9　笔触与原路径点对比

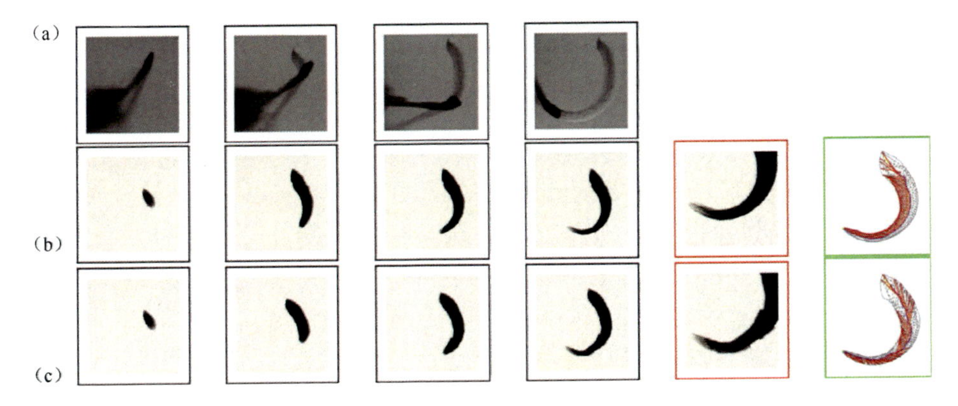

图 8-15　笔画绘制过程的比较。(a) 艺术家的真实数据。(b) 本章提出的基于 IRL 的奖励函数学习方法得到的训练结果。(c) 利用前期工作[17]中的手动设计奖励函数得到的训练结果。绿色框显示画笔轨迹，而红色框显示渲染的细节

图 8-16　A4 系统与 Photoshop 滤镜结果对比（a）原始图像。（b）Photoshop 的艺术滤镜生成效果。（c）A4 水墨画渲染系统